高等学校机电工程类系列教材

Creo 3.0 机械设计与制造

主　编　张　跃　张乐莹

副主编　马常亮　成　畅

蒋　勇　张环宇

西安电子科技大学出版社

内 容 简 介

本书是以我国本科院校机械类学生为对象编写的机电工程类系列教材。本书以近年推出的 Creo 3.0 软件为蓝本，介绍了 CAD/CAM 模块的操作方法和应用技巧。书中采用典型范例对软件中的概念、命令和功能进行讲解，以方便学生进一步巩固所学内容。本书在编写过程中紧贴软件的实际操作界面，使学生能够直接、准确地操作软件进行学习，从而尽快上手，提高学习效率。通过本书的学习，学生可以快速运用 Creo 软件来完成一般机械产品的零部件三维建模设计、装配、运动仿真、仿真加工等工作。

本书内容全面，条理清晰，图例丰富，讲解详尽，可作为应用型本科和职业学院以及各类培训机构的 CAD/CAM 课程的教材，也可供相关工程技术人员自学参考。

图书在版编目(CIP)数据

Creo 3.0 机械设计与制造/张跃，张乐莹主编. —西安：西安电子科技大学出版社，2020.8(2021.7 重印)

ISBN 978–7–5606–5785–1

Ⅰ. ①C… Ⅱ. ①张… ②张 Ⅲ. ①机械设计—计算机辅助设计—应用软件—高等学校—教材 ②机械制造—计算机辅助制造—应用软件—高等学校—教材 Ⅳ. ①TH122 ②TH164

中国版本图书馆 CIP 数据核字(2020)第 124829 号

策划编辑 高 樱
责任编辑 师 彬 阎 彬
出版发行 西安电子科技大学出版社（西安市太白南路 2 号）
电 话 (029)88202421 88201467   邮 编 710071
网 址 www.xduph.com   电子邮箱 xdupfxb001@163.com
经 销 新华书店
印刷单位 咸阳华盛印务有限责任公司
版 次 2020 年 8 月第 1 版 2021 年 7 月第 2 次印刷
开 本 787 毫米×1092 毫米 1/16 印张 15.5
字 数 365 千字
印 数 1001～3000 册
定 价 43.00 元

ISBN 978–7–5606–5785–1 / TH

XDUP 6087001–2

* * * 如有印装问题可调换 * * *

前　言

随着计算机信息技术的迅速发展，各行各业的设计手段也发生了巨大的变化，从传统的图板和丁字尺绘图到使用 AutoCAD 等电脑软件辅助设计，再从 AutoCAD 等二维设计软件到各类三维实体建模设计软件，三维实体设计的优越性越来越多地体现到实际工程设计中。作为世界顶尖的三维设计软件，Creo 是由美国 PTC 公司最新推出的一套高度集成化的机械三维 CAD/CAM/CAE 参数化软件系统。它整合了 PTC 公司的三个软件技术，即 Creo Parametric 的参数化技术、Creo Direct 的直接建模技术和 Creo View Express 的三维可视化技术。Creo 在全世界得到广泛的应用，与 UG、Catia 等三维软件一起逐渐成为世界上最普及的 CAD/CAM 系统高端软件。它的全面性、高效性、多功能化等特点，尤其得到各类设计人才的追捧，并广泛运用于机械、航空航天领域以及汽车、电子、模具、自动化和家用电器等行业中。目前，基于 Creo 的机械设计与制造课程已经成为国内外大中专院校机械设计、机械制造及工业设计等专业的必修课程，对该软件的应用已经成为现代制造业工程技术人员必须掌握的技能，从而给现代机械设计方法带来了质的飞跃。

本书根据编者多年从教经验及在高等院校教学过程中掌握的方法和心得编写而成，以 Creo 3.0 最新版本为基础，详细讲解了 Creo 设计和制造的核心模块。全书图文并茂，案例详细简明，习题由浅入深，综合实例符合工程实际，并诠释了运用 Creo 进行工程设计的方法和技巧。本书主要有以下一些特点：

● 体系合理，符合院校课程要求。

编者特别将 NC 加工模块加入到本书中，形成完整的 CAD/CAM 知识体系，而该体系符合很多高等院校的计算机辅助设计与制造课程的培养要求。而目前大部分课程将这两者完全分开，造成在选用教材时无所适从。本书可以从根本上解决这一问题，因为相关讲义已经在本校试用三轮，教学效果良好，适合教学课程培养的要求。

● 实例丰富，讲解深入浅出。

本书利用丰富的工程实例，通过大量图形，按照实际设计的步骤进行系统讲解，从而使读者可以形象、生动地接受相关知识点。各章习题注重难易的梯度安排，由浅入深，使读者能够迅速掌握设计的方法和技巧，熟练该软件的操作，完成相关课程的学习。

● 内容完整，重点讲解。

本书围绕 Creo 3.0 基础知识、二维草图的绘制和编辑、基准的创建、基础特征的创建、工程特征的创建、特征的操作与编辑、曲面特征建模、零件的装配、Creo NC 加工等重点内容进行讲解，从而使读者可以逐步掌握和精通 Creo 的核心技术与应用技巧。同时，本书对重点模块加大了讲解的力度，力求使读者比较容易地掌握重点知识；对一些较难理解的知识点，利用实例驱动读者跟踪设计的方式，帮助消化这些难点。通过本书的学习，读者可以全面掌握该软件的各项技能。

● 素材典型，体现工程要求。

本书在选用课程素材进行讲解时，从多方面考虑到素材的典型性和易于理解性，将这些课程素材与实际工程设计紧密结合在一起，使读者能够在未来设计中得到启发和灵感。比如，在 Creo NC 加工章节中，将可能出现的各类数控加工形式采用典型的零件来表示，同时讲解加工工艺流程、刀具选用、机床零点确定、加工零点确定和加工参数的选用，与实际加工过程达到一致，从而可以直接指导数控加工的工程实践。

本书结构严谨，内容丰富，语言规范，紧扣实际工程，实用性强。本书主要适合于初、中级的 Creo 读者，可作为大中专院校及各类培训机构的 CAD/CAM 课程的教材，并对相关工程技术人员具有一定的参考价值。

本书由张跃、张乐莹主编，马常亮、成畅、蒋勇、张环宇担任副主编，何林聪、王海龙、魏胜程、荣北山、俞佳琪、祖衍、於陶鑫、王泽阳、许玥、蔡钱虎、黄远鹏参与编写。

编者在编写过程中查阅了一些参考文献，采用了部分具有创意性的典型零件，在此对这些文献资料的作者表示衷心的感谢。

限于编者水平，书中难免有疏漏和不妥之处，诚请各位专家和读者批评指正。

编　者

2020 年于泰州

目　　录

第 1 章　Creo 3.0 基础

Creo 是美国参数科技公司(PTC)推出的高度集成化的 CAID/CAD/CAM/CAE/PDM 三维软件系统。该软件整合了 PTC 公司的 Creo Parametric 的参数化技术、Creo Direct 的直接建模技术和 Creo View Express 的三维可视化技术，被广泛应用在机械、航空航天领域，以及工业设计、模具设计、钣金件设计、家电、汽车和军工等行业。

1.1　运行 Creo 3.0 的方法

1. 启动 Creo 3.0

Creo 3.0 的启动方法有两种：双击桌面快捷方式和单击 Windows【开始】菜单。

(1) 双击桌面快捷方式。PTC Creo Parametric 3.0 的快捷方式启动图标如图 1-1 所示，双击该图标即可启动 PTC Creo Parametric 3.0。

(2) 单击 Windows【开始】菜单。执行【开始】→【所有程序】→【PTC Creo】→【PTC Creo Parametric 3.0 M020】命令即可启动，如图 1-2 所示。

图 1-1　快捷方式启动

图 1-2　【开始】菜单启动

2. 退出 Creo 3.0

当图形绘制工作完成后，退出 Creo 3.0 的具体方式有以下两种：

(1) 单击【文件】→【退出】。

(2) 单击 Creo 3.0 右上角的【关闭】按钮 ☒。

1.2　Creo 3.0 工作界面介绍

与旧版本 Pro/ENGINEER Wildfire 相比，Creo 3.0 的工作界面发生了很大变化，其操作界面是标准的 Windows 界面，主要由标题栏、菜单栏、功能区、信息栏(消息栏和状态栏)、绘图区、导航栏、过滤器、工具栏(快速访问工具栏和图形工具栏)等组成。

1. 起始工作界面

启动后的 PTC Creo Parametric 3.0 中文版的界面如图 1-3 所示。

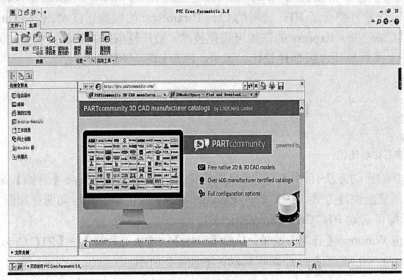

图 1-3　起始工作界面

2. Creo 3.0 的工作界面

图 1-4 所示的是 Creo 3.0 的一个工作界面，下面对该界面进行简单介绍。工作界面左上角的顶部位置为快速访问工具栏，如图 1-5 所示。该工具栏集中了一些使用频率较高的按钮。

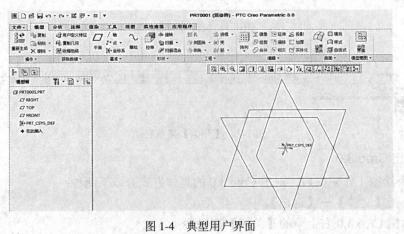

图 1-4　典型用户界面

图 1-5　快速访问工具栏

(1) 标题栏：位于工作界面的顶部，用于显示当前软件的名称和软件的版本。当进行文件操作时，标题栏中显示"活动的"字样，表示该窗口为当前窗口；当打开多个窗口后，只有"活动的"窗口可以进行各项操作，如图 1-6 所示。

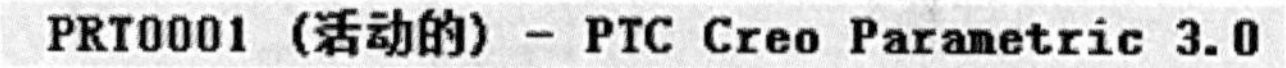

PRT0001 (活动的) – PTC Creo Parametric 3.0

图 1-6　标题栏

(2) 菜单栏：位于标题栏下方，如图 1-7 所示。它由许多菜单组成，如文件、模型、分析、注释、渲染、工具、视图、柔性建模和应用程序等，主要提供对窗口的各种操作和模型处理方法等。具体内容后面章节中会介绍。

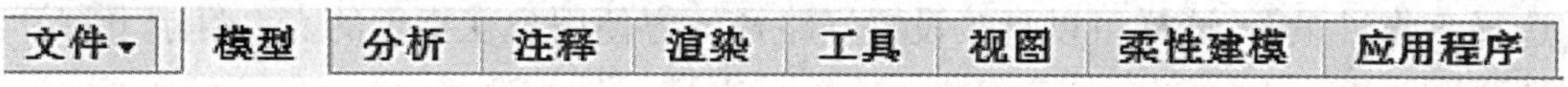

| 文件▼ | 模型 | 分析 | 注释 | 渲染 | 工具 | 视图 | 柔性建模 | 应用程序 |

图 1-7　菜单栏

(3) 功能区：位于菜单栏的下方，如图 1-8 所示。它提供菜单选项命令快捷操作，以提高设计效率。更多详细的内容将在后面章节中进行介绍。

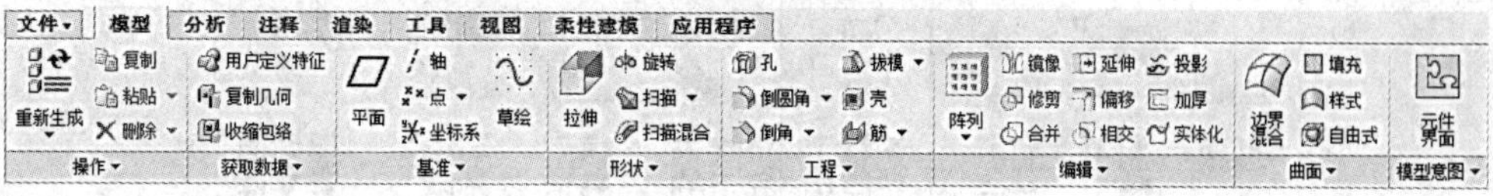

图 1-8　功能区

(4) 信息栏：位于整个界面的最底端，用于显示在当前窗口中操作的相关信息与提示，如图 1-9 所示。

- 欢迎使用 PTC Creo Parametric 3.0。
- 用 E:\Creo\Creo 3.0\M020\Common Files\templates\mmns_part_solid.prt作为模板。

图 1-9　信息栏

(5) 绘图区：是工作界面中间的区域，用户可以在该区域进行绘制、编辑和显示模型等操作。

(6) 导航栏：位于绘图区的左侧，为用户提供一个辅助设计工具，让用户更快捷、更好地查看和修改设计过程，选择设计文件。导航栏包括模型树(Model Tree)、资源管理器(Folder Browser)、收藏夹(Favorites)三部分内容，如图 1-10 所示。

图 1-10　导航栏

(7) 过滤器：位于信息栏的右侧，工作区的右下角，如图 1-11 所示。利用过滤器可以设置要选取的特征类型，从而可以更为方便快捷地选取要操作的对象。

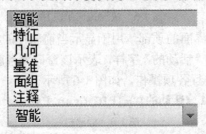

图 1-11　过滤器

3. 工作目录的设定

为了更好地管理 Creo 中大量的关联文件，应在进入 Creo 3.0 之后，首先点击【主页】→【选择工作目录】，这样可以直接设置好路径，方便用户在指定的文件目录下打开和保存文件。

具体操作方式如下：

单击红色方框内的命令【选择工作目录】，如图 1-12 所示。

图 1-12　选择工作目录

如图 1-13 所示，选择一个文件夹作为本次绘图设计的工作目录。

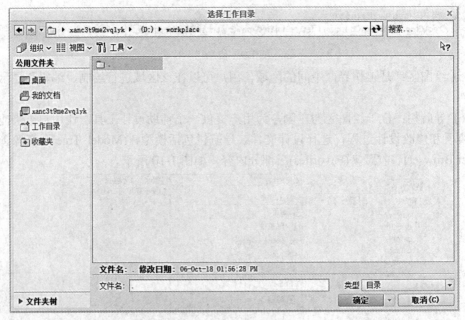

图 1-13　设置工作目录

1.3　模型的显示及视图控制

1. 模型的显示形式

在 Creo 3.0 系统中，模型有 6 种显示方式，可以单击图 1-14 所示的工具栏中的图标来选择不同的显示方式。

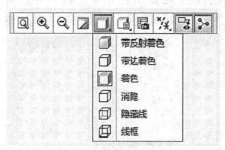

图 1-14　模型显示形式

6 种显示方式如图 1-15 所示。

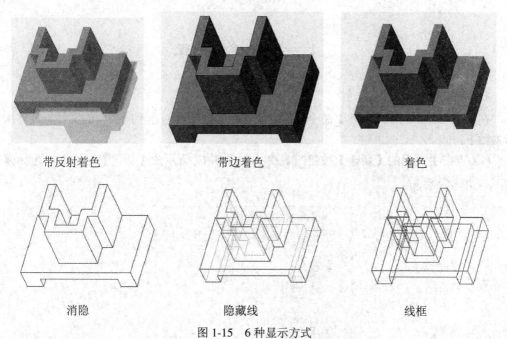

图 1-15　6 种显示方式

2. 模型的观察

为了能够从不同角度观察模型的细节，需要通过放大、缩小、移动和旋转来实现。运用三键鼠标可以完成相关操作。

(1) 放大：点击 🔍，放大模型。

(2) 缩小：点击 🔍，缩小模型。

(3) 移动：鼠标中键+Shift+移动鼠标。

(4) 旋转：鼠标中键+移动鼠标。

(5) 动态缩放：鼠标滚轮。

(6) 缩放：鼠标中键+Ctrl+垂直移动鼠标。

(7) 翻转：鼠标中键+Ctrl+水平移动鼠标。

3. 模型的定向

在模型设计过程中，我们需要通过不同视图来观察模型，可以通过单击工具栏中的 图标，在其下拉菜单中选择视图。如图 1-16 所示。视图的方向包括标准方向、默认方向、BACK(后视)、BOTTOM(俯视)、FRONT(主视)、LEFT(左视)、RIGHT(右视)和 TOP(仰视)。

图 1-16　视图菜单

1.4　文件的管理

1. 新建文件

在 Creo 3.0 中利用【新建】命令实现新建文件功能，可创建不同类型的文件。具体操作步骤如下：

(1) 点击主页上的【新建】按钮 ，弹出如图 1-17 所示的【新建】对话框，选择模型类型及子类型。

图 1-17　【新建】对话框

(2) 在【类型】对话框中，选择相关的功能。【类型】默认为"零件"，【子类型】为
"实体"。

(3) 取消"使用默认模板"，进入新文件选项。

(4) 在新文件选项中选择 mmns_part_solid 项，单击【确定】按钮，完成新建，如图 1-18
所示。

注意：在 Creo 3.0 中，新建的文件系统默认为英制单位，需要选择 mmns_part_solid
项改为公制单位。

图 1-18　【新文件选项】对话框

2. 打开文件

单击【文件】→【打开】或者单击【主页】栏下图标，出现如图 1-19 所示的对话框
后，选中目标文件，然后单击【打开】按钮。

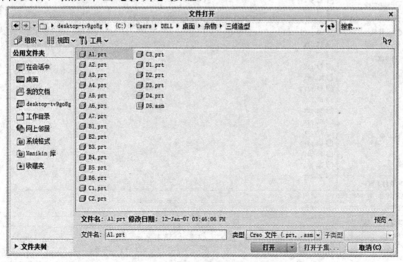

图 1-19　【文件打开】对话框

3. 保存文件和副本文件

(1) 单击【文件】→【保存】，弹出如图 1-20 所示的对话框，选择目标文件的保存目录，然后单击【确定】按钮。

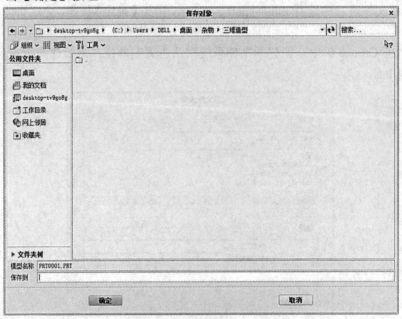

图 1-20 【保存对象】对话框

(2) 单击【文件】→【另存为】→【保存副本】，弹出如图 1-21 所示的对话框，选择目标文件的保存目录，然后单击【确定】按钮。

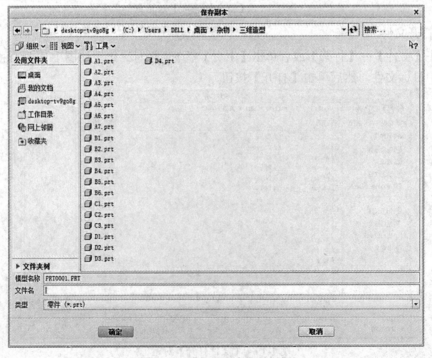

图 1-21 【保存副本】对话框

习　题

1. 请设置一个命名为"workplace"的文件夹，将其指定为工作目录。

2. 在第 1 题的工作目录中建立一个命名为 1.prt 的零件文件，要求选择公制单位。

3. 将第 2 题中的 1.prt 零件文件反复保存 5 次，检查工作目录所对应文件夹中的保存状态。

(1) 单击【文件】→【管理文件】菜单，并单击【删除旧版本】选项后打钩，如图 1-22 所示。观察工作目录所对应文件夹中发生的变化。

(2) 继续单击【文件】→【管理文件】菜单，并单击【删除所有版本】选项后打钩，再次观察工作目录所对应文件夹中发生的变化。

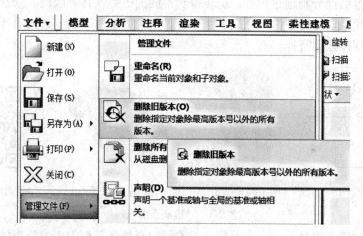

图 1-22　【删除旧版本】选项

4. 鼠标在二维和三维设计中的主要功能是什么？

第 2 章　二维草图的绘制

　　二维草图(如图 2-1(a)所示)是 Creo 3.0 三维建模的基础，当 Creo 3.0 在创建基于草绘的三维特征时，要通过创建内部二维截面或选取现有的"草绘"，并在草图中各个图元之间添加约束来限制它们的位置和尺寸，通过特征来定义其形状、尺寸和常规放置等。如图 2-1(b)和(c)所示，二维截面分别通过拉伸、旋转得到不同的三维实体。因此，二维截面是生成三维实体的基本元素，一般是由一个或多个草绘段组成的单个开放或封闭的环，可以通过绘制二维草图来创建截面特征。

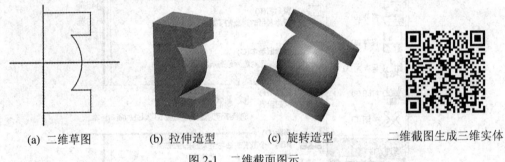

　　(a) 二维草图　　　　(b) 拉伸造型　　　　(c) 旋转造型　　　二维截图生成三维实体

图 2-1　二维截面图示

　　在介绍二维草绘设计之前，先介绍一下 Creo 3.0 软件草图中经常使用的术语。

　　图元：指截面几何的任意元素(如直线、中心线、四弧、四椭圆、样条曲线、点或坐标系等)。

　　参照：指创建特征截面或轨迹时，所参考的图元。

　　尺寸：图元大小、图元间位置的量度。

　　约束：定义图元间的位置关系。约束定义后，其约束符号会出现在被约束的图元旁边。例如，可以约束两条直线垂直，完成约束后，垂直的直线旁边会出现一个垂直约束符号。约束符号显示为橙色。

本章将介绍的内容如下：

(1) 草绘工作界面。

(2) 直线的绘制。

(3) 矩形的绘制。

(4) 圆的绘制。

(5) 圆弧的绘制。

(6) 圆角的绘制。

(7) 倒角的绘制。

(8) 样条曲线的绘制。

(9) 使用边界图元。

(10) 文本的创建。

(11) 草绘器调色板。

(12) 草绘器诊断。

2.1　二维草绘的基本知识

1. 进入二维草绘环境的方法

在 Creo 3.0 中，二维草绘的环境称为"草绘器"。进入草绘环境有以下两种方式：

(1) 由【草绘】模块直接进入草绘环境(简称 2D 草绘器)。创建新文件时，在如图 2-2 所示的【新建】对话框中的【类型】选项组内选择"草绘"，在【名称】编辑框中输入文件名称后，可直接进入草绘环境。在此环境下直接绘制二维草图，文件将以"扩展名.sec"保存。此文件可以导入到零件模块的草绘环境中，作为实体造型的二维截面；也可导入到工程图模块，作为二维平面图元。

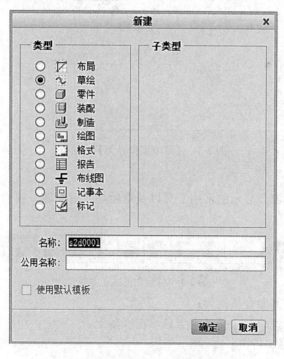

图 2-2　进入二维草绘环境

(2) 由【零件】模块进入草绘环境(简称 3D 草绘器)。创建新文件时，在【新建】对话框中的【类型】选项组内选择"零件"，进入零件建模环境。在此环境下通过选择【模型】选项卡【基准】面板中的草绘工具 图标按钮，进入【草绘】环境，绘制二维截面，以供实体造型时选用。用户可以将零件模块的草绘环境下绘制的二维截面保存为副本，以"扩展名.sec"保存为独立的文件，以方便创建其他特征时使用。

2. 草绘工作界面

进入二维草绘环境后，软件显示如图 2-3 所示的工作界面，包括标题栏、功能区、导航区、菜单栏、工具栏、草绘区、信息区等。

1) 功能区

位于标题栏下方的【草绘】界面功能区提供了 Creo 3.0 草绘模块中的操作命令，包括文件、分析、草绘、视图等选项卡；每个选项卡又包括若干面板，如图 2-3 所示的【草绘】选项卡及其面板，提供了绘制二维草图时几何图元的创建与编辑、几何约束、尺寸约束等命令。

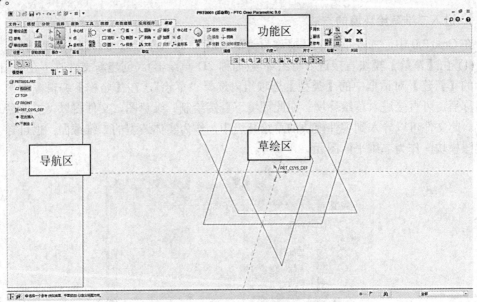

图 2-3　【草绘工作界面】对话框

2) 工具栏

工具栏包括图形窗口显示的常用工具以及草绘显示过滤器、模型显示样式，如图 2-4 所示。

图 2-4　草绘功能区工具栏

图标从左向右，其命令依次为：

重新调整：重新调整对象使其完全显示在屏幕上。

放大：放大对象。

缩小：缩小对象。

重画(Ctrl+R)：重绘当前视图。

显示样式：选择模型的显示样式，包括带反射着色、带边着色、着色、消隐、隐藏线及线框；

已保存方向：选择视图的方向，包括标准方向、默认方向、BACK、BOTTOM、FRONT、LEFT、RIGHT 及 TOP 等方向，还可以重新定义特殊的视图方向及设置视图法向。

视图管理器：打开视图管理器。

基准显示过滤器：可选择开关相应的基准显示过滤器。

草绘视图：定向草绘平面，使其与屏幕平行。

草绘器显示过滤器：定义草绘器显示或关闭相应过滤器。除了"显示栅格"功能关闭外，其余 3 个草绘显示过滤器均为打开状态，系统显示几何约束符号的尺寸。

注释显示：打开或关闭 3D 注释及注释元素。

旋转中心：旋转中心的开/关。显示并使用默认位置的旋转中心，或隐藏旋转中心以便使用指针位置作为旋转中心。

注意：为方便阅读，本章各例题与上机题均关闭"尺寸显示"功能。

2.2　直　线　的　绘　制

使用 Creo 3.0 进行设计，一般是先绘制大致的草图，然后再修改其尺寸。在修改尺寸时输入准确的尺寸值，即可获得最终所需大小的图形。

Creo 3.0 中直线图元包括直线、与两个图元相切的直线、中心线。

调用命令的方式：在功能区，单击【草绘】选项卡【草绘】面板中的【线】下拉式图标按钮 ∿ 线 ▾ 。中心线则需调用【中心线】下拉式图标按钮 中心线 ▾ 。

1. 普通直线的绘制

利用【线】命令可以通过两点创建普通直线图元，此为绘制直线的默认方式。

操作步骤如下：

(1) 单击 ∿ 线 ▾ 图标按钮，调用【线】命令。

(2) 在草绘区内单击鼠标左键，确定直线的起点。

(3) 移动鼠标，草绘区将显示一条"橡皮筋"线，在适当位置上单击左键，确定线段的终点，系统会自动在起点与终点之间创建一条线段。

(4) 移动鼠标，草绘区接着上一段线的终点又显示一条"橡皮筋"线，再次单击，创建与上段直线首尾相接的另一条直线段，直至单击鼠标中键结束绘制。

(5) 重复上述(2)～(4)步骤，重新确定新的起点，绘制直线段，或单击鼠标中键结束命令。

如图 2-5 所示，利用【线】命令绘制平行四边形。其中，约束符号 L 表示两线段长度相等；H 表示水平线；∥表示绘制两条平行线。

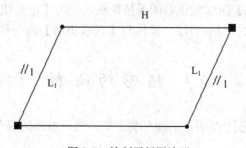

图 2-5　绘制平行四边形

2. 与两图元相切直线的绘制

利用【直线相切】命令可以创建与两个圆或圆弧相切的公切线。

操作步骤如下：

(1) 单击【线】按钮右侧箭头，调用【直线相切】命令。

(2) 系统提示"在弧或圆上选取起始位置"时，在圆弧、圆或椭圆的所要求的位置上单击鼠标左键，确定直线的起始点。

(3) 移动鼠标至圆弧、圆或椭圆的另一个适当位置上单击左键，系统将自动捕捉切点，创建一条公切线，如图 2-6 所示。

(4) 系统再次提示"在弧或圆上选取起始位置"时，重复上述(2)和(3)步骤，或单击鼠标中键结束命令。

注意：系统会根据在圆或圆弧上选取的位置不同，自动判断是内切还是外切。

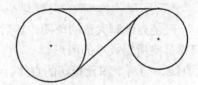

图 2-6　绘制与两图元相切的直线(内切和外切)

3. 中心线的绘制

中心线是一种构造几何对象，不能用于创建三维特征，因而在二维草绘中用作辅助线，主要用于定义对称图元的对称轴线，以及控制草绘几何的构造直线，包括中心线、相切中心线。

调用命令的方式：在功能区单击【草绘】选项卡【草绘】面板中的【中心线】图标按钮 中心线 ▾ 。

利用【中心线】命令可以定义两点绘制无限长的中心线。普通中心线的绘制，操作步骤如下：

(1) 单击【中心线】图标按钮 中心线 ▾ ，调用【中心线】命令。

(2) 在草绘区内单击鼠标左键，确定中心线所通过的一点。

(3) 移动鼠标至所要求的位置上单击左键，确定中心线通过的另一点，系统通过选定的两点自动创建一条中心线。

(4) 重复上述(2)～(3)步骤，重新确定新的起点，绘制另一条中心线，或单击鼠标中键结束命令。

另外，打开【中心线】图标按钮右侧下拉箭头，点击【中心线相切】按钮 ⊬ ，可以创建与两个圆或圆弧相切的公切中心线，操作与【直线相切】命令相同。

2.3　矩 形 的 绘 制

Creo 3.0 可以绘制如图 2-7 所示的四种类型的矩形，矩形的四条线为独立的几何对象，可以分别修剪、删除等。

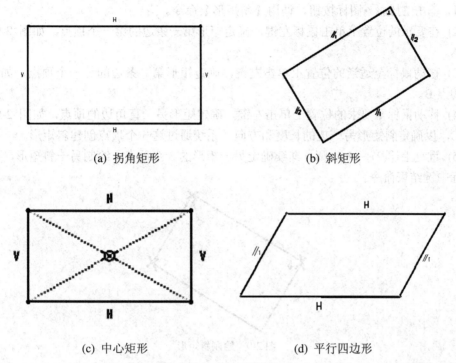

(a) 拐角矩形　　　　　　　(b) 斜矩形

(c) 中心矩形　　　　　　　(d) 平行四边形

图 2-7　矩形的类型

调用命令的方式如下：

在功能区，单击【草绘】选项卡【草绘】面板中的【矩形】下拉式图标按钮 ▣ 矩形 ▾。

1. 拐角矩形的绘制

通过指定拐角矩形的两个对角点来创建矩形，操作步骤如下：

(1) 单击 ▣ 矩形 ▾图标按钮，调用【拐角矩形】命令。

(2) 在要求的位置上单击鼠标左键，确定拐角矩形的一个顶点，如图 2-8 所示的点 A。

(3) 移动鼠标至另一位置上单击左键，确定拐角矩形的另一对角点，如图 2-8 所示的点 B，系统将自动创建矩形。

(4) 重复上述(2)和(3)步骤，继续指定另一矩形的两个对角点，绘制另一矩形，直至单击鼠标中键结束命令。

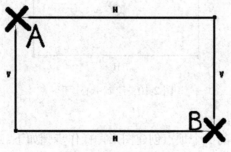

图 2-8　绘制拐角矩形

2. 斜矩形的绘制

通过指定矩形的 3 个顶点创建倾斜的矩形，操作步骤如下：

(1) 单击 □ 矩形 ▾ 图标按钮，调用【斜矩形】命令。

(2) 在要求的位置上单击鼠标左键，确定矩形第一条边的第一个顶点，如图 2-9 所示的点 A。

(3) 移动鼠标至适当的位置上单击左键，确定矩形第一条边的另一个顶点，如图 2-9 所示的点 B。

(4) 移动鼠标至要求的位置上单击左键，确定矩形另一直角边的顶点，如图 2-9 所示的点 C，以确定斜矩形另一边的长度和方向。系统通过这 3 个顶点创建斜矩形。

(5) 重复上述(2)～(4)步骤，继续确定另一矩形的 3 个顶点，绘制另一斜矩形，直至单击鼠标中键结束命令。

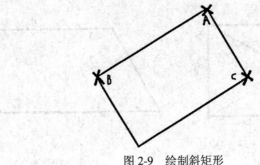

图 2-9　绘制斜矩形

3. 中心矩形的绘制

通过指定中心矩形的中心点和对角点来创建矩形，操作步骤如下：

(1) 单击 □ 矩形 ▾ 图标按钮，调用【中心矩形】命令。

(2) 在要求的位置上单击鼠标左键，确定中心矩形的中心点，如图 2-10 所示的点 A。

(3) 移动鼠标至另一位置上单击左键，确定中心矩形的一个对角点，如图 2-10 所示的点 B，系统将自动创建矩形。

(4) 重复上述(2)和(3)步骤，继续指定另一矩形的中心点和对角点，绘制另一矩形，直至单击鼠标中键结束命令。

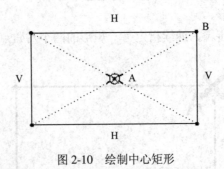

图 2-10　绘制中心矩形

4. 平行四边形的绘制

通过指定平行四边形的 3 个顶点创建图形，操作步骤如下：

(1) 单击 □ 矩形 ▾ 图标按钮，调用【平行四边形】命令。

(2) 在要求的位置上单击鼠标左键，确定平行四边形第一条边的一个顶点，如图 2-11 所示的点 A。

(3) 移动鼠标至适当的位置上单击左键，确定平行四边形第一条边的另一顶点，如图 2-11 所示的点 B。

(4) 移动鼠标至适当的位置上单击左键，确定平行四边形另一边的顶点，如图 2-11 所示的点 C，以确定平行四边形另一边的长度和方向。系统通过这 3 个顶点创建平行四边形。

(5) 重复上述(2)～(4)步骤，继续指定另一平行四边形的 3 个顶点，绘制另一平行四边形，直至单击鼠标中键结束命令。

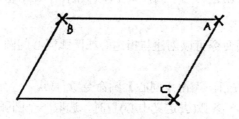

图 2-11　绘制平行四边形

2.4　圆 的 绘 制

Creo 3.0 创建圆的方法有：指定圆心位置绘制圆、指定 3 点绘制圆、绘制同心圆、绘制与 3 个图元相切的圆，如图 2-12 所示。

调用命令的方式：在功能区，单击【草绘】选项卡【草绘】面板中的【圆】下拉式图标按钮 ⊙圆 ▾。

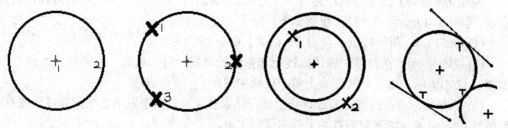

(a) 指定圆心位置绘制圆　　(b) 指定 3 点绘制圆　　(c) 绘制同心圆　　(d) 绘制与 3 个图元相切的圆

图 2-12　圆的绘制

1. 指定圆心位置绘制圆

利用【圆心】命令可以通过指定圆心和圆上点以确定圆的位置和直径来创建圆，这种方式是默认的画圆的方式，如图 2-12(a)所示。

操作步骤如下：

(1) 单击 ⊙圆 ▾ 图标按钮，调用【圆心和点】命令。

(2) 在要求的位置上单击鼠标左键，确定圆的圆心位置，如图 2-12(a)中的点 1。

(3) 移动鼠标至适当的位置上单击左键，指定圆上的点，如图 2-12(a)所示点 2。系统则以指定的圆心(点 1)以及圆心与圆上一点(点 2)的距离为半径画圆。

(4) 重复上述(2)和(3)步骤，绘制另一个圆，或单击鼠标中键结束命令。

2. 指定 3 点绘制圆

利用圆的【3 点】命令可以通过指定圆上 3 个点创建一个圆，如图 2-12(b)所示。操作步骤如下：

(1) 单击 ◎圆 ▾ 图标按钮，调用【3 点】画圆命令。

(2) 分别在要求的位置上单击鼠标左键，确定圆上的第 1、2、3 点。系统绘制通过指定 3 点的圆，如用 2-12(b)所示。

(3) 重复上述(2)，再创建另一个圆，直至单击鼠标中键结束命令。

3. 绘制同心圆

利用圆的【同心】圆命令可以创建与指定圆或圆弧同心的圆，如图 2-12(c)所示。操作步骤如下：

(1) 单击 ◎圆 ▾ 图标按钮，调用【同心】圆命令 ◎ ┃ 同心 。

(2) 系统提示"选择一条弧(去定义中心)"时，选取一个圆弧或圆，如图 2-12(c)所示，在小圆的点 1 处单击鼠标左键。

(3) 移动鼠标至适当位置上单击左键，指定圆上的点，如图 2-12(c)所示的点 2。系统创建与指定圆同心的圆。

(4) 移动鼠标再次单击左键，创建另一个同心圆，或单击鼠标中键结束命令。

(5) 系统再次提示"选择一条弧(去定义中心)"时，可重新选取另一个圆弧或圆，或单击鼠标中键结束命令。

注意：选定的参考圆或圆弧可以是草绘的图元，也可以是已创建的实体特征的一条边。

4. 绘制与 3 个图元相切的圆

利用【3 相切】命令可以创建与 3 个已知图元相切的圆，已知图元可以是圆、圆弧、直线，如图 2-12(d)所示。操作步骤如下：

(1) 单击 ◎圆 ▾ 图标按钮，调用【3 相切】命令 ◯ ┃ 3 相切 。

(2) 系统提示"在圆弧、圆或直线上选择起始位置"时，选取一个圆弧或圆或直线，如图 2-12(d)所示，在上面的直线上单击鼠标左键。

(3) 系统提示"在圆弧、圆或直线上选择结束位置"时，选取第 2 个圆弧或圆或直线，如图 2-12(d)所示，在下面的直线上单击鼠标左键。

(4) 系统提示"在圆弧、圆或直线上选择第三个位置"时，选取第 3 个圆弧或圆或直线，如图 2-12(d)所示，在右侧的圆弧上单击鼠标左键。

(5) 系统再次提示"在圆弧、圆或直线上选取起始位置"时，重复上述(2)。

(6) 再创建另一个圆，直至单击鼠标中键结束命令。

注意：系统根据选取图元时的位置不同，绘制不同的相切圆。

2.5　圆弧的绘制

Creo 3.0 创建圆弧的方法有：指定 3 点绘制圆弧、指定圆心和端点绘制圆弧、绘制同心圆弧、相切端画弧、绘制与 3 个图元相切的圆弧等，如图 2-13 所示。

调用命令的方式：在功能区，单击【草绘】选项卡【草绘】面板中的【弧】下拉式图标按钮 弧 ▾。

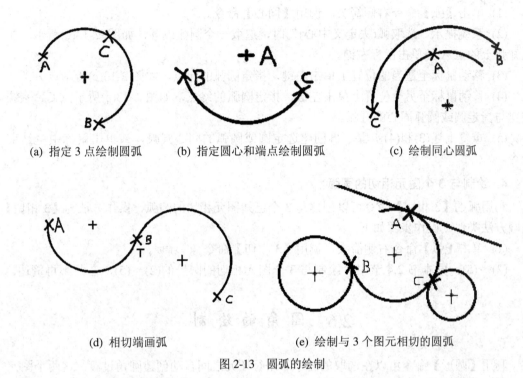

(a) 指定 3 点绘制圆弧　　(b) 指定圆心和端点绘制圆弧　　(c) 绘制同心圆弧

(d) 相切端画弧　　　　　(e) 绘制与 3 个图元相切的圆弧

图 2-13　圆弧的绘制

1. 指定 3 点绘制圆弧

利用【弧】命令可以指定 3 点创建圆弧。

操作步骤如下：

(1) 单击 弧 ▾ 图标按钮，调用【弧】命令来指定 3 点绘制圆弧或相切端。

(2) 在要求的位置上单击鼠标左键，确定圆弧的起始点，如图 2-13(a)所示的点 A。

(3) 移动鼠标至适当的位置上单击左键，指定圆弧的终点，如图 2-13(a)所示的点 B。

(4) 移动鼠标至适当的位置上单击左键，如图 2-13(a)所示的点 C，确定圆弧的半径。

(5) 重复上述(2)～(4)步骤，创建另一个圆弧，或单击鼠标中键结束命令。

若上述(2)将圆弧的起点选择在某一已知图元的端点处，则在该端点周围出现象限符号，如图 2-13(d)所示，系统提示"选择图元的一端以确定相切"。

2. 指定圆心和端点绘制圆弧

利用弧的【圆心和端点】命令可以通过指定圆弧的圆心点和端点创建圆弧，操作步骤如下：

(1) 单击【弧】命令右侧箭头，调用【圆心和端点】命令。

(2) 移动鼠标至要求的位置上单击左键，指定圆弧的圆心，如图 2-13(b)所示的点 A。

(3) 移动鼠标至适当的位置上单击左键，指定圆弧的起点，如图 2-13(b)所示的点 B。

(4) 移动鼠标至适当的位置上单击左键，指定圆弧的终点，如图 2-13(b)所示的点 C。

(5) 重复上述(2)～(4)步骤，再创建另一个圆弧，或单击鼠标中键结束命令。

3. 绘制同心圆弧

利用圆弧的【同心】命令可以创建与指定圆或圆弧同心的圆弧，操作步骤如下：

(1) 单击【弧】命令右侧箭头，调用【同心】命令。

(2) 系统提示"选取弧(去定义中心)"时，选取一个圆弧或圆，如图 2-13(c)所示，在已知弧上的点 A 处单击鼠标左键。

(3) 移动鼠标至适当的位置上单击左键，指定圆弧的起点，如图 2-13(c)所示点 B。

(4) 移动鼠标至另一位置上单击左键，指定圆弧的终点，如图 2-13(c)所示点 C。系统创建与指定圆或圆弧同心的圆弧。

(5) 重复上述(3)和(4)步骤，再创建选定圆或圆弧的同心圆弧，或单击鼠标中键结束命令。

4. 绘制与 3 个图元相切的圆弧

利用弧的【3 相切】命令可以创建与 3 个已知图元相切的圆弧，操作方法与【3 相切】画圆方法类似。操作步骤如下：

(1) 单击【弧】命令右侧箭头，调用【3 相切】命令 ⟍ 3 相切 。

(2)～(5)，同本书 2.4 节中"绘制与 3 个图元相切的圆"的(2)～(5)，在此不再赘述。

2.6　圆角的绘制

利用【圆形】命令可以在选取的两个不平行图元之间自动创建圆角过渡。这两个图元可以是直线(包括中心线)、圆、圆弧和样条曲线。创建圆角时，系统会自动创建从圆角端点向两个原始图元交点的构造线。圆角分为圆形倒角和圆形修剪倒角。其区别是：系统创建圆形倒角时会自动创建从圆角端点向两个图元交点的构造线，而创建圆形修剪倒角时不会产生构造线，如图 2-14 所示。圆角的半径和位置由两个图元的相对位置决定，系统选择距离两条线段交点最近的点创建圆角。

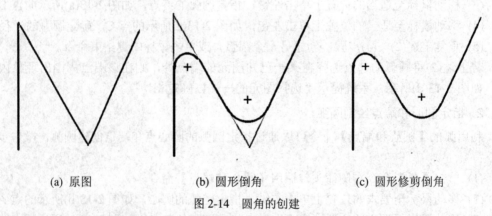

(a) 原图　　　　　　　(b) 圆形倒角　　　　　　　(c) 圆形修剪倒角

图 2-14　圆角的创建

功能区，单击【草绘】选项卡【草绘】面板的【圆角】下拉式图标按钮 ⟍ 圆角 。操作步骤如下：

(1) 单击 ⟍ 圆角 图标按钮，调用【圆形】命令。

(2) 系统提示"选取两个图元"时，分别在两个非平行图元上单击鼠标左键，系统自动创建圆角。

(3) 系统再次提示"选取两个图元"时，继续选取两个图元创建另一个圆角，或单击鼠标中键结束命令。

圆角 图标按钮的下拉式菜单中，除【圆形】和【圆形修剪】外，还有【椭圆形】和【椭圆形修剪】，如图 2-15 所示。其功能与前者类似，此处不再赘述。

图 2-15　【椭圆形】和【椭圆形修剪】按钮

2.7　倒角的绘制

利用【倒角】命令可以在选取的两个非平行图元之间自动创建导角过渡。这两个图元可以是直线(包括中心线)、圆弧和样条曲线。创建倒角时，系统会自动创建从倒角端点向两个原始图元交点的构造线。倒角分为倒角和倒角修剪。其区别是：系统创建倒角时会自动创建从倒角端点向两个图元交点的构造线，而创建倒角修剪时不会产生构造线，如图 2-16 所示。倒角的长度和位置由两个图元的相对位置决定。

 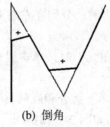 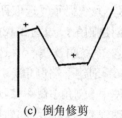

(a) 原图　　　　　　(b) 倒角　　　　　　(c) 倒角修剪

图 2-16　倒角的绘制

调用命令的方式如下：

功能区，单击【草绘】选项卡【草绘】面板的【倒角】下拉式图标按钮 倒角。操作步骤如下：

(1) 单击 倒角 图标按钮，调用【倒角】命令。

(2) 系统提示"选取两个图元"时，分别在两个非平行图元上单击鼠标左键，系统自动创建倒角。

(3) 系统再次提示"选取两个图元"时，继续选取两个图元创建另一个倒角，或单击鼠标中键结束命令。

例　用【中心线】、【拐角矩形】、【线链】、【圆角】、【倒角】命令绘制如图 2-17 所示的草图。

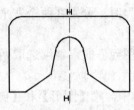

图 2-17　二维草图

操作步骤如下：

(1) 创建新文件。

操作过程略(文件名称为 sketch2)。

(2) 绘制垂直中心线。

操作过程略。

(3) 绘制矩形。

① 单击□ 矩形拐角矩形图标按钮，调用【拐角矩形】命令。

② 在合适的位置上单击鼠标左键,确定矩形的一个顶点；再移动鼠标,出现如图 2-18(a)所示的界面，单击鼠标左键，确定矩形的另一对角点，矩形绘制完成。

③ 单击鼠标中键结束命令。

注意：如图 2-18(a)所示，必须绘制中心线，才能设置对称约束。

(4) 绘制两条斜线。

使用【线链】命令依次单击矩形下边左侧的点、下端中心线的点、矩形下边右侧的点，如图 2-18(b)所示。操作过程略。

(5) 创建【圆形修剪】圆角。

① 单击 图标按钮，调用【圆形修剪】命令。

② 系统提示"选取两个图元"时，分别在左右两条直线的适当位置上单击鼠标左键，系统创建圆角，如图 2-18(c)所示。

③ 系统再次提示"选取两个图元"时，单击鼠标中键结束命令。

(6) 创建下端倒角。

使用【倒角】命令依次单击矩形下部分和底部直线的适当位置，系统将自动创建倒角，并自动修剪直线段，创建构造线，如图 2-18(d)所示。操作过程略。

(7) 创建【圆形】圆角。

使用【圆形】命令依次单击矩形上侧边和左侧斜线的适当位置，系统将自动创建圆角，并自动修剪直线段，创建构造线，如图 2-18(e)所示。操作过程略。

注意：要使两直线对称、倒角尺寸相等，可添加几何约束。

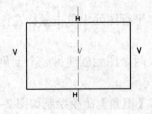

(a) 绘制中心线和矩形

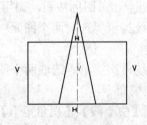

(b) 绘制斜线

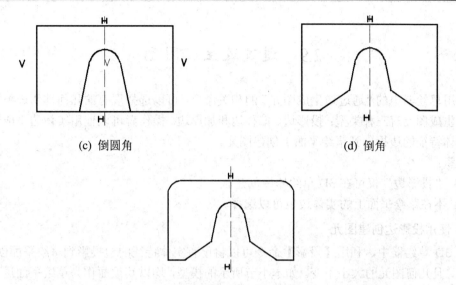

(c) 倒圆角　　　　　　　　　　　　(d) 倒角

(e) 倒上部圆角，完成要求草绘

图 2-18　二维草图的绘制

注意：构造图元不显示在草绘特征中，它用于约束、控制草绘，既能简化草绘，又便于尺寸标注。

2.8　曲 线 的 绘 制

曲线是一条通过若干指定点的平滑曲线，为三阶或三阶以上多项式形成的曲线。

调用命令的方式如下：

功能区，单击【草绘】选项卡【草绘】面板中的【样条】曲线图标按钮〰样条。

操作步骤如下：

(1) 单击〰样条图标按钮，调用【样条曲线】命令。

(2) 移动鼠标，依次单击，确定曲线所通过的点，直至单击鼠标中键结束该曲线的绘制。

(3) 重复上述(2)，绘制另一条曲线，或单击鼠标中键结束命令。

注意：创建的曲线可以通过拖动其通过点至新的位置来改变曲线的形状，如图 2-19(a) 所示；拖动点 A 至新的位置，样条曲线的形状如图 2-19(b)所示。

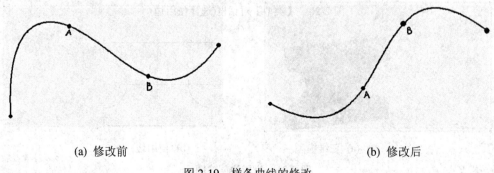

(a) 修改前　　　　　　　　　　　　(b) 修改后

图 2-19　样条曲线的修改

2.9　通过边生成图元

使用草绘器中的"通过边生成图元"的相关命令,可以选择现有的几何体生成新图元。通过边生成图元有三种类型:投影边、偏移边和加厚边。操作者可以使用实体边生成图元,即将实体特征的边投影到草绘平面上创建图元。

注意:

(1) "投影边"仅可在 3D 草绘器中创建。

(2) 不在草绘平面上的实体边也可以选择。

1. 使用投影边创建图元

在 3D 草绘器中,利用【投影】命令可以将已有实体特征的边投影到草绘平面创建几何图元,且几何图元的大小不变。如本小节所示的模型,均以其顶面作为草绘平面进入 3D 草绘器,利用【投影】命令,创建几何图元。

调用命令的方式如下:

功能区,单击【草绘】选项卡【草绘】面板中的【投影】图标按钮 □ 投影。

操作步骤如下:

(1) 单击 □ 投影图标按钮,调用【投影】命令,弹出如图 2-20 所示的对话框。

(2) 系统提示"选择要使用的边"时,移动鼠标,在实体特征的某条边上单击鼠标左键,如图 2-21(a)所示。选取上半圆边,系统自动创建与所选边重合的图元。

(3) 系统再次提示"选择要使用的边"时,移动鼠标,在实体特征的另一条边上单击鼠标左键,如图 2-21(b)所示;选取下半圆边,系统再创建与所选边重合的图元,直至单击【类型】对话栏中的【关闭】按钮。

注意:选择实体上圆边时,并非创建一个圆,而是创建上下分界的圆弧。

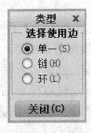

图 2-20　【类型】对话框(选择使用边)

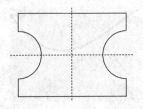

(a) 三维模型　　　　　　　　　　(b) 使用边

图 2-21　投影边创建图元

【类型】对话框中，操作及选项说明如下：

(1) 单一(S)。选定实体模型特征上单一的边，创建草绘图元。该类型为默认的边类型，操作步骤如上述步骤所示。

(2) 链(H)。选定实体特征上一个面上的两条边，创建连线的边界。如图 2-22 所示的模型，在 3D 绘图界面进入草绘环境，在如图 2-20 所示的【类型】对话框中选择"链"选项，系统提示"通过选择曲面的两个图元或两个边或选择曲线的两个图元指定一个链"时，选取实体模型特征上的一条边，如选择图 2-22 所示的左侧外围圆弧，再按住 Ctrl 键选取另一条边，再选择图 2-22 所示的右侧圆弧，系统将这两条边之间的所有边以红色粗实线显示。随即弹出如图 2-23 所示的【选取】菜单管理器，当直接选择"接受"，关闭【类型】对话框后，则创建如图 2-24(a)所示的边图元；如果选择"下一个"，则另一侧连续边被选中，再选择"接受"，则创建如图 2-24(b)所示的图元。

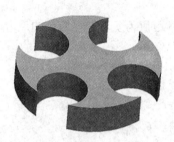

图 2-22　三维模型

图 2-23　【选取】菜单管理器

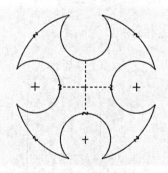

(a) 创建连续边

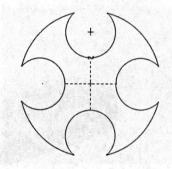

(b) 创建另一侧连续边

图 2-24　使用"链"边类型创建图元

注意：选择的两条边必须是在同一个面上。

(3) 环(L)。从实体模型特征轮廓的一个环来创建封闭图元。在如图 2-20 所示的【类型】对话框中选择"环"选项，系统提示"选择指定图元环的图元，选择指定轮廓线的曲面，选择指定轮廓线的草图或曲线特征"时，选取实体特征的面。如果所选面上只有一个环，则系统直接创建循环的边界图元；如果所选面上含有多个环，则系统提示"选择所需围线"，并弹出如图 2-23 所示【选取】菜单管理器，用户选择其中的一个环，单击菜单管理器上的"接受"或单击"下一个"，再单击"接受"，创建所需要的环。

2. 使用偏移边创建图元

利用【偏移】命令，可以选择已存在的实体模型特征的边线或几何图元，将其偏移一定距离，从而创建新的几何图元。

调用命令的方式如下：

功能区，单击【草绘】选项卡【草绘】面板中的【偏移】图标按钮 ▢ 偏移 。

操作步骤如下：

(1) 单击 ▢ 偏移 图标按钮，调用【偏移生成图元】命令，弹出如图 2-25 所示的对话框。

(2) 系统提示"选择要偏移的图元或边"时，移动鼠标，在实体模型特征的某条边(或几何图元)上单击鼠标左键，如图 2-26(a)所示，选取上部的弧边。

(3) 系统显示"于箭头方向输入偏移[退出]"文本框，并在草绘区显示偏移方向的箭头，用户在文本框中输入所要偏移的距离。

(4) 系统再次提示"选择要偏移的图元或边"时，重复(2)和(3)，直至单击【类型】对话框中的【关闭】按钮。

注意：

(1) 若偏距值为正，则沿箭头方向偏移边；若偏距值为负，则沿箭头的反方向偏移边。

(2) 上述步骤为偏距边类型的默认选项"单一"。

图 2-25　【类型】对话框(选择偏移边)

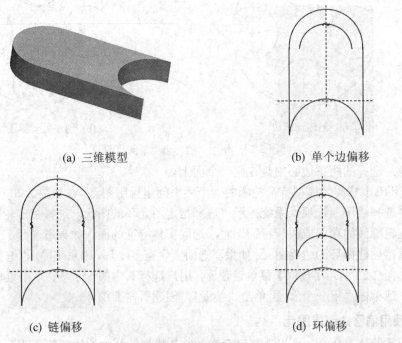

(a) 三维模型   (b) 单个边偏移

(c) 链偏移   (d) 环偏移

图 2-26　偏移的类型

3. 使用加厚边创建图元

使用【加厚】命令，可以选择现有的几何图元或实体边，并指定加厚的厚度及偏移距离生成新的图元。加厚边的类型有单一、链、环三种，加厚边的端部封闭情况类型有开放、平整和圆形，如图 2-27 所示。系统在选定边和加厚边之间自动创建尺寸。(此处已将加厚边类型和端部封闭表达清楚，故不显示具体尺寸。)

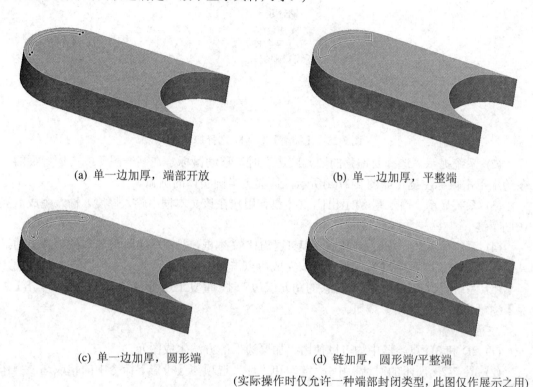

(a) 单一边加厚，端部开放　　　　　　　(b) 单一边加厚，平整端

(c) 单一边加厚，圆形端　　　　　　　(d) 链加厚，圆形端/平整端

(实际操作时仅允许一种端部封闭类型，此图仅作展示之用)

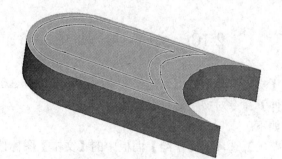

(e) 环加厚

图 2-27　加厚边类型与端部封闭类型

调用命令的方式如下：

功能区，单击【草绘】选项卡【草绘】面板中的【加厚】图标按钮🗗 加厚。

操作步骤如下：

(1) 单击🗗 加厚图标按钮，调用【加厚】命令，弹出如图 2-28 所示的对话框。

图 2-28　【类型】对话框(选择加厚边)

　　(2) 系统提示"选择要偏移的图元或边"时，移动鼠标，在某一图元或实体特征的一条边上单击鼠标左键，如图 2-27(a)所示，选取上半圆实体的圆弧。

　　(3) 系统显示"输入厚度[退出]"文本框，用户在该文本框中输入厚度，输入完成后点击回车键。

　　(4) 系统显示"于箭头方向输入偏移[退出]"文本框，并在草绘区内显示偏移方向的箭头，用户在该文本框中输入偏距，输入完成后点击回车键。

　　(5) 系统再次提示"选择要偏移的图元或边"时，重复上述步骤(2)～(4)，直至单击【类型】对话框中的【关闭】按钮。

　　注意：

　　(1) 2D 和 3D 草绘器中均可以使用"加厚边"的方法生成图元。

　　(2) 图 2-28 所示的对话框中，"链"和"环"选项与【投影】命令中的相应选项操作方法相同。

2.10　文本的创建

　　使用草绘器中的【文本】命令，可以创建文字图形。在 Creo 3.0 中，文字可以作为截面，故可以利用【拉伸】命令对文字进行编辑。

　　调用命令的方式如下：

　　功能区，单击【草绘】选项卡【草绘】面板中的【文本】图标按钮 A 文本 。

　　操作步骤如下：

　　(1) 单击 A 文本 图标按钮，调用【文本】命令。

　　(2) 系统提示"选择行的起点，确定文本高度和方向"时，移动鼠标，单击鼠标左键确定文本行的起点。

　　(3) 系统提示"选择行的第二点，确定文本高度和方向"时，移动鼠标，在适当的位置上单击鼠标左键，确定文本行的第二点，系统在起点与第二点之间显示一条直线(构建线)，并弹出【文本】对话框，如图 2-29(a)所示。

(4) 在【文本】对话框中的"文本行"文本框中输入文字，Creo 3.0 的文本最多可输入 79 个字符，输入的文字动态显示于草绘区。

(5) 在【文本】对话框中的【字体】选项组内选择字体，设置文本行的对齐方式、长宽比、斜角等。

(6) 单击【确定】按钮，关闭对话框，系统创建单行文本。

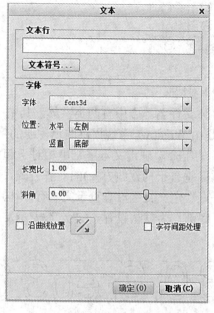
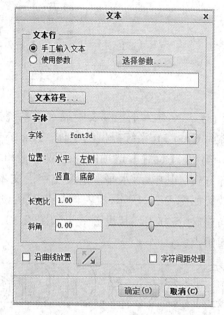

(a) 草绘模式中的【文本】对话框　　　　　　(b) 零件模式中的【文本】对话框

图 2-29　【文本】对话框

注意：

(1) 构建线的长度决定文本的高度，其角度决定文本的方向，如图 2-30 所示。

(2) 双击已创建的文字，可弹出【文本】对话柜，以更改文字内容及其相关设置。

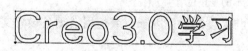

(a) 创建水平的文本行　　　　　　　　　　(b) 创建倾斜的文本行

图 2-30　创建文本

操作及选项说明如下：

(1) 单击【文本符号】按钮，弹出如图 2-31 所示的对话框，从中选取要插入的符号。

(2) 当由"零件"模式进入草绘环境，则【文本】对话框如图 2-29(b)所示。系统允许使用参数，当选择"使用参数"单选按钮，【选择参数】按钮亮显，同时弹出【选择参数】对话框，从中选择已定义的参数，显示其参数值。如果选取了未赋值的参数，则文字中将显示***。

图 2-31 【文本符号】对话框

(3) "字体"下拉列表中显示了系统提供的字体文件名。表中有两类字体,其中 PTC 字体为 Creo 3.0 系统提供的字体, True Type 字体是由 Windows 系统提供的已注册的字体。

(4) 在【位置】选项区,选取水平和垂直位置的组合,确定文本字符串相对于起点的对齐方式。其中,"水平"定义文字沿文本行方向(即垂直于构建线方向)的对齐方式,其设置效果如图 2-32 所示,"左侧"为默认设置。"竖直"定义文字沿垂直于文本行(即构建线方向)的对齐方式,其设置效果如图 2-33 所示,"底部"为默认设置。("△"表示文本行的起始点。)

(a) 左侧　　　　　　　　(b) 中心　　　　　　　　(c) 右侧

图 2-32 设置文本的水平位置

(a) 底部　　　　　　　　(b) 中间　　　　　　　　(c) 顶体

图 2-33 设置文本的垂直位置

(5) 在"长宽比"文本框中输入文字宽度与高度的比例因子,或使用滑动条设置文本的长宽比。

(6) 在"斜角"文本框中输入文本的倾斜角度,或使用滑动条设置文本的倾斜角度。

(7) 选中"沿曲线放置"复选框,设置将文本沿一条曲线放置,接着选取放置文本的曲线。

(8) 选中"字符间距处理"复选框,将启用文本字符中的字体字符间距处理功能,以控制某些字符对之间的空格,从而设置文本的外观。

2.11　草绘器调色板

草绘器调色板是一个具有若干个选项卡的几何图形库,系统含有四个预定义的选项卡：多边形、轮廓、形状、星形，每个选项卡包含若干同一类别的截面形状。操作者可以向调色板添加选项卡，将截面形状按类别放入选项卡内，并且随时使用调色板中的截面。

1. 使用调色板形状

利用【调色板】命令可以方便快捷地选定调色板中的几何形状，将其输入到当前草绘中，并且可以对选定的截面形状调整大小，进行平移和旋转操作。

调用命令的方式如下：

功能区，单击【草绘】选项卡【草绘】面板中的【调色板】图标按钮 ◎。

操作步骤如下：

(1) 单击 ◎ 图标按钮，调用【调色板】命令，弹出如图 2-34 所示的【草绘器调色板】对话框。

图 2-34 【草绘器调色板】对话框

(2) 系统提示"将调色板中的外部数据插入到活动对象"时，选择所需的选项。

(3) 双击选定形状的缩略图或标签，光标变成 ▶。

(4) 单击确定放置形状的位置，打开如图 2-35 所示的【导入截面】操控板，同时被输入的形状位于带有句柄(控制滑块)的点画线方框内，"平移"控制滑块与选定的位置重合。

(5) 在【导入截面】操控板中输入旋转角度以及缩放比例。

(6) 单击图标按钮 ✔ (或单击鼠标中键)，关闭操控板。

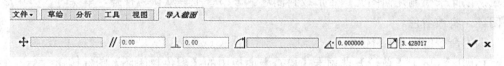

图 2-35 【导入截面】操控板

2. 创建自定义形状选项卡

用户可以预先创建自定义形状的草绘文件(.sec 文件)，置于当前工作目录下，则在【草绘器调色板】中会出现一个与工作目录同名的选项卡，且工作目录下的草绘文件中的截面形状将作为可用的形状出现在该选项卡中，如图 2-36 所示。

图 2-36　创建自定义形状选项卡

注意：

(1) 若将草绘文件名称更改为中文名，其截面仍然是可用的形状，但是该草绘文件自身将不能被打开。

(2) 默认情况下，系统将草绘器形状目录下的截面文件定义为草绘器调色板中的形状，故要创建自定义形状选项卡，除上述方法，也可以将需要的若干个自定义形状的截面文件置于该目录下。使用配置选项 sketcher_palette_path 可以指定草绘器形状目录的路径。

2.12　草绘器检查

草绘器检查提供了与创建基于草绘的特征和再生失败相关的信息，可以帮助操作者实时了解、分析和解决草绘中出现的问题。

1. 着色封闭环

利用【着色封闭环】诊断工具，系统将以预定义颜色填充形成封闭环的图元所包围的区域，以此来检测几何图元是否形成封闭环。该检查工具默认为打开，草绘时，一旦形成封闭环，将被着色。

调用命令的方式如下：

功能区，单击【草绘】选项卡【检查】面板中的【着色封闭环】图标按钮 ☒ 。

执行该命令后，系统将当前草绘中所有的几何封闭环进行着色，如图 2-37(a)所示。

注意：

(1) 如果封闭环内包含封闭环，则从最外层环起，奇数环被着色，如图 2-37(b)所示。

(2) 封间环必须是首尾相接，自然封闭，不允许有图元重合，或出现多余图元。图 2-37(c)所示的三角形内不被着色。

  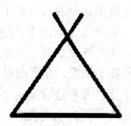

(a) 单层封闭环　　　　　　　(b) 多层封闭环　　　　　　　(c) 未构成封闭环

图 2-37　着色封闭环

2. 突出显示开放端

利用【突出显示开放端】检查工具，系统将突出显示属于单个图元的端点，即不为多个图元所共有的端点，以此来检测活动草绘中任何与其他图元的终点不重合的图元的端点。该检查工具默认为打开，当创建新图元时，一旦形成开放端，则自动加亮显示。

调用命令的方式如下：

功能区，单击【草绘】选项卡【检查】面板中的【突出显示开放端】图标按钮 。

执行该命令后，系统将以默认的红色正方形加亮显示当前草绘中所有开放的端点，如图 2-38 所示。

 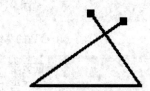

图 2-38　加亮开放的端点

3. 重叠几何

利用【重叠几何】检查工具，系统将加亮重叠图元，以此来检测活动草绘中任何与其他图元相重叠的几何元素。

调用命令的方式如下：

功能区，单击【草绘】选项卡【草绘】面板中的【重叠几何】图标按钮 。

执行该命令后，系统将加亮显示当前草绘中相交叠的几何边，如图 2-39 所示。

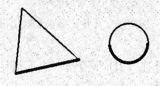

图 2-39　显示重叠几何

4. 特征要求

在"3D 草绘器"中，利用【特征要求】诊断工具，可以分析判断草绘是否满足其定义的当前特征类型的要求。

调用命令的方式如下：

功能区，单击【草绘】选项卡【检查】面板中的【特征要求】图标按钮 ![ ]。

执行该命令后，系统将弹出【特征要求】对话框，该对话框显示当前草绘是否适合当前特征的情况，并列出对当前特征的草绘要求以及状态，如图 2-39 所示。在状态列中，用以下符号表示是否满足要求的状态。

(1) ✔：满足要求。

(2) ❶：不满足要求。

(3) △：满足要求，但不稳定。该符号表示对草绘的简单更改可能无法满足要求。

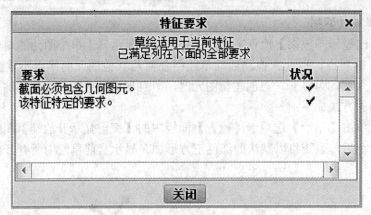

(a) 合适的草绘

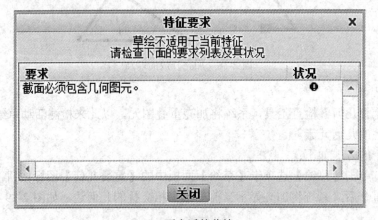

(b) 不合适的草绘

图 2-40　【特征要求】对话框

注意：

(1)【特征要求】检查工具在 "2D 草绘器" 中不可用。

(2) 有一个特征要求未满足时，则该草绘不合格。

2.13　上机操作实验指导——简单二维草图绘制

根据图 2-41 所示的二维草图，主要涉及的命令包括【中心线】、【圆弧】、【加厚】、【圆】、

【直线】、【圆角】、【调色板】等命令。

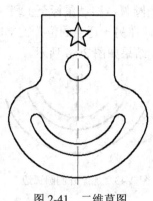

图 2-41　二维草图

操行步骤如下：

(1) 创建新文件。

创建新文件 sketch3，进入草绘环境，操作过程略。

(2) 绘制垂直中心线。

单击中心线图标按钮 ⋮ ，启动【中心线】命令，绘制垂直中心线。

(3) 绘制上端外侧大圆弧。

① 单击圆心和端点图标按钮 ，调用【圆心和端点】命令。

② 移动鼠标，在垂直中心线适当的位置上单击鼠标左键，确定圆弧圆心，如图 2-42 所示。

③ 向左移动鼠标，在垂直中心线左侧适当的位置上单击鼠标左键，指定圆弧的起始点。

④ 向右移动鼠标，指定圆弧的终点，保证圆弧左右对称。

⑤ 单击鼠标中键，结束命令。

(4) 使用【加厚】命令创建弧形图元。

① 单击加厚图标按钮 ，调用【加厚】命令，弹出选择加厚边和端封闭【类型】对话框。

② 系统提示"选择要偏移的图元成边"时，默认加厚边类型为"唯一"，端闭类型为"圆形"。

③ 系统提示"选择要偏移的图元或边"时，移动鼠标，在大圆弧上单击鼠标左键。

④ 在"输入厚度[-退出-]"文本框中输入适当的厚度值，单击回车键。

⑤ 观察草绘区显示偏移方向的箭头，在"于箭头方向输入偏移[-退出-]"文本框中输入适当偏距值(此处应为负值)，单击回车键。

⑥ 系统再次提示"选择要偏移的图元或边"时，单击【类型】对话框中的【关闭】按钮，结果如图 2-43 所示。

(5) 绘制左右两侧同心圆弧。

① 单击同心图标按钮 ，调用【同心】命令。

② 系统提示"选择一弧(去定义中心)"时，选取上述加厚图元的左侧圆弧。

③ 移动鼠标至上段大圆弧左端点上单击鼠标左键，指定圆弧的起点。

④ 移动鼠标，在另一适当位置上单击鼠标左键，指定圆弧的终点。系统创建与指定

圆或圆弧同心的圆弧，如图 2-44 所示。

⑤ 选择上述加厚图元的右侧圆弧，移动鼠标至上段大圆弧右端点上单击鼠标左键，指定圆弧的起点；再次移动鼠标，在另一适当的位置上单击鼠标左键，指定圆弧的终点。

⑥ 单击鼠标中键结束命令，结果如图 2-44 所示。

 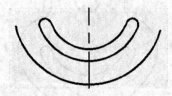 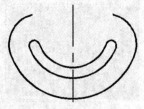

图 2-42　绘制大圆弧　　　图 2-43　加厚外侧圆弧边　　　图 2-44　绘制同心圆弧

(6) 绘制中间同心圆。

① 单击同心图标按钮◎，调用【同心】命令。

② 系统提示"选择一弧(去定义中心)"时，选取上端外侧大圆弧。

③ 移动鼠标，在适当的位置上单击鼠标左键，指定圆上的一点，系统创建与指定圆同心的圆。

④ 系统再次提示"选择-弧(去定义中心)"时，单击鼠标中键结束命令，结果如图 2-45 所示。

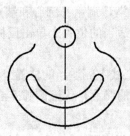

图 2-45　绘制同心圆

(7) 绘制直线。

① 在适当位置绘制底部左右对称的水平直线段，如图 2-46(a)所示。

② 以水平底边右端点为起点，绘制右侧竖直线，端点在右侧圆弧上，如图 2-46(b)所示。

③ 以水平底边左端点为起点，绘制左侧竖直线，端点在左侧圆弧上。

 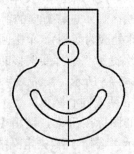

(a) 绘制底部对称的水平直线　　　　(b) 绘制右侧竖直线

图 2-46　绘制直线段

(8) 绘制圆角。

利用【圆形修剪】命令创建圆角，如图 2-47 所示。

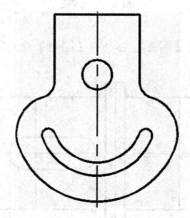

图 2-47　绘制圆角

(9) 使用调色板导入"五角星"截面。

① 单击调色板图标按钮 ⬭，调用【调色板】命令。

② 系统提示"将调色板中的外部数据插入到活动对象"时，选择"形状"选项卡，选择"五角星"形状，如图 2-48(a)所示。

③ 双击选定形状的缩略图或标签，光标变成 🔖，在接近垂直中心线的适当位置上单击鼠标左键。

④ 单击并按住鼠标拖动平移控制滑块 ⊗，移动截面形状至垂直中心线的适当位置，并在【导入截面】操控板中输入适当的缩放比例。导入的截面形状如图 2-48(b)所示。

⑤ 单击图标按钮 ‾✔，关闭对话框。

⑥ 单击鼠标中键结束命令。

(a) 调色板"形状"选项卡

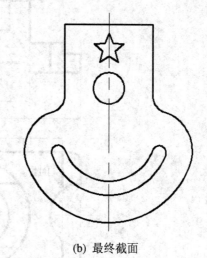

(b) 最终截面

图 2-48　导入"五角星"截面

(10) 保存图形。

操作过程略。

习　题

1. 请根据【直线】命令、【圆弧】命令和【圆角】命令，绘制如图 2-49 所示的二维草图。

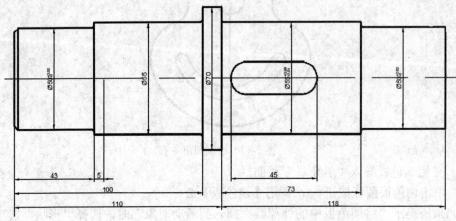

图 2-49　二维草图(1)

2. 请根据【直线】命令、【圆弧】命令和【圆角】命令，绘制如图 2-50 所示的二维草图。

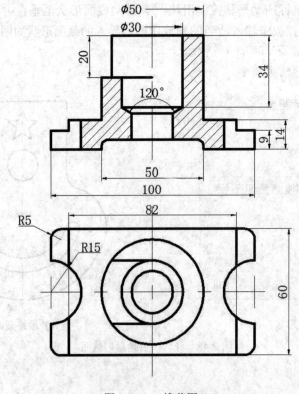

图 2-50　二维草图(2)

3. 请根据【直线】命令、【圆弧】命令和【圆角】命令，绘制如图 2-51 所示的二维草图。

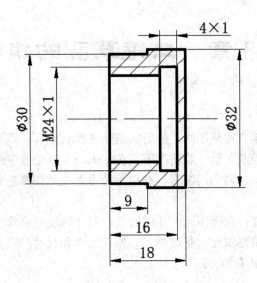

图 2-51　二维草图(3)

第 3 章　二维草图的编辑

在第 2 章草绘器绘制二维草图时，使用的是系统默认设置，草图的几何形状由草绘器自动捕捉几何约束加以控制。而一般情况下，在 Creo 3.0 草绘器中绘制二维草图时，首先粗略绘制最初的几何形状，再利用编辑、约束等命令对几何图形进行适当的调整、修改，最终得到最准确的图形。

本章将介绍的内容有：选择图元、几何约束、尺寸标注、删除图元、修剪图元、分割图元、镜像图元、旋转调整图元、复制图元、解决约束和尺寸冲突问题。

本章的所有命令均在【草绘】下实现。

3.1　选择图元

选取对象命令在草绘中经常使用到，比如选中某条线段后可对其进行删除或拖动修改等操作。单击【草绘】工具栏中的 按钮，按下按钮为选取状态，然后可用鼠标左键选取需要编辑的图案。

单击【草绘】→【选择】选项，出现图 3-1 所示的下拉菜单，可以看到选择对象的多种方法。

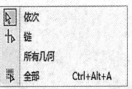

图 3-1　【选择】下拉菜单

(1) 依次：每次选择一个对象。但是按住 Ctrl 键时，可选择多个对象进行处理；也可以利用左键拖动一个矩形框，此时在框内的对象都被选中。

(2) 链：选取链的首位，中间的曲线则一起被选中。

(3) 所有几何：选取所有的几何元素(不包括标注尺寸及约束)。

(4) 全部：顾名思义，选择所有项目(包括标注尺寸及约束)。

注意：一般默认"依次"为选择对象。

3.2　几何约束

在草绘器中，几何约束是指控制草图中几何图元的定位方向以及图元之间的相互关系。几何约束的设置方法有以下两种方法：

(1) 使用实时几何约束。

(2) 使用手动几何约束。

1. 使用实时几何约束

默认设置下，绘制图元时，系统会随着光标的移动实时捕捉显示几何约束，并且在几何图元附近动态显示约束类型，帮助用户定义几何图元；用户可以根据设计意图及时控制约束，不需要在草绘后利用手动约束进行修改。

1) 几何约束符号

约束符号及含义如表 3-1 所示。

表 3-1　约束符号及含义

约束符号	含　义	解　释
V	竖直	铅垂的直线
H	水平	水平的直线
//	平行	互相平行的直线
⊥	垂直	互相垂直的直线
T	相切	两圆相切或直线与圆相切
R	相等半径	具有相等半径的圆或圆弧
L	相等长度	具有相同长度的直线
M	中点	点或圆心处于线段的中点
→←	对称	关于中心线对称的两点
o	相同点	点和圆心重合
−O−	图元的点	点或圆心在图元上
┆	竖直排列	两点垂直对正
− −	水平排列	两点水平对正

2) 设置约束选项

此处进行几何约束符号的设置。

调用命令的方式如下：

(1) 单击【文件】→【选项】命令，弹出【Creo Parametric 选项】对话框。

(2) 选择"草绘器"选项，弹出图 3-2 所示的窗口。

(3) 在"对象显示设置"部分，选中或不选中"显示约束"复选框，可以控制约束符号的显示等。

(4) 单击【确定】按钮，确认所进行的设置。

(5) 系统弹出图 3-3 所示的窗口时，可以根据需要确定是否将所进行的设置保存到配置文件中。

注意：

(1) 只有在"草绘器约束假设"选项中被选中的约束类型，才能实现实时约束。

(2) 单击图形中工具栏的"草绘器显示过滤器"中的"显示约束",也可以控制约束。

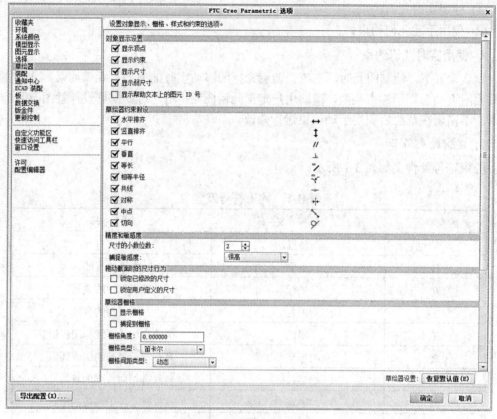

图 3-2　【PTC Creo Parametric 选项】对话框

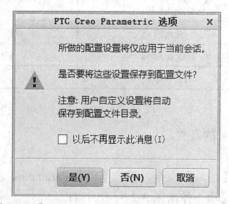

图 3-3　【PTC Creo Parametric 选项】警告对话框

2. 使用手动几何约束

一般情况下,绘制图元时不必苛求形状准确,只需先根据草图形状粗略绘制几何图元,得到草图的初始图形,再根据几何条件手动添加其他必要的约束条件。

调用命令的方式如下:

功能区,单击【草绘】选项卡【约束】面板中的图标按钮,如图 3-4 所示(在该对话框中共有 9 种约束类型)。

图 3-4　【约束】对话框

操作步骤如下：

(1) 单击某一【约束】按钮，调用相应的命令。

(2) 按照系统提示，单击选取需要添加约束条件的图元，系统会按照所添加的约束条件进行更新草图。

(3) 重复(2)，为其他具有相同约束条件的图元进行添加该约束。

(4) 直至单击鼠标中键，即可结束该命令操作。

注意：在约束过程中无需结束某一【约束】，可以在(3)操作后，在【约束】面板中寻找另一约束图标按钮可添加另一几何约束条件。

以下是对 9 种约束类型的操作方法。

1) 竖直约束

(1) 单击图标按钮 ＋竖直 。

(2) 系统提示"选择一条直线或两点"时，其所选直线更变为铅垂线或使两点位于一条铅垂线上，如图 3-5 所示。

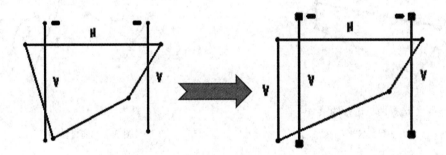

(a) 选择一条直线约束

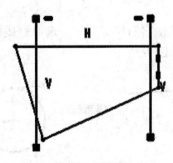

(b) 选择两点进行约束

图 3-5　竖直约束

2) 水平约束

(1) 单击图标按钮 ┼ 水平 。

(2) 系统提示"选择一条直线或两点"时，其所选直线更变为水平直线或使两点处在同一水平线上，如图 3-6 所示。

3) 垂直约束

(1) 单击图标按钮 ⊥ 垂直 。

(2) 系统提示"选择两图元使它们正交"时，选择两条线(包括圆弧)，被选中的两条线则成为相互垂直的线条，如图 3-7 所示。

注意： 直线与圆弧添加垂直约束条件后，直线必过其圆弧圆心，并且直线垂直于直线延长线与圆弧交点的切线方向。

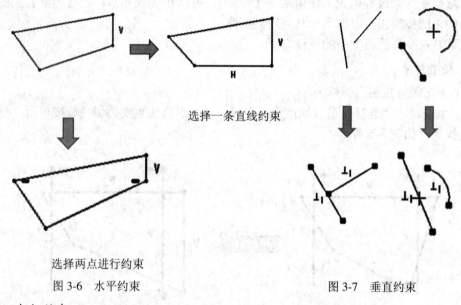

选择一条直线约束

选择两点进行约束

图 3-6　水平约束　　　　　　　　　　　图 3-7　垂直约束

4) 相切约束

(1) 单击图标按钮 ⁀ 相切 。

(2) 系统提示"选择两图元使它们相切"时，选取直线段及圆或圆弧，被选择的直线与圆或圆弧成为相切图元，如图 3-8 所示。

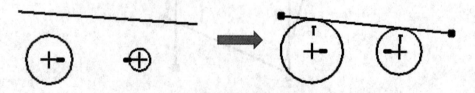

图 3-8　相切约束

5) 中点约束(在线的中间放置一点)

(1) 单击图标按钮 ✎中点 。

(2) 系统提示"选择一个点和一条线或弧线"时，选取一点和一条线或弧线，则所选的点将置于所选线的中间，如图 3-9 所示。

注意：所选的点和线应是两个图元，点可以是点、线段断点，也可以是圆心。

图 3-9　中点约束

6) 重合约束

(1) 单击图标按钮 ⇢重合 。

(2) 系统提示"选择要对齐的两图元或顶点"时，选择两个点或两条直线，或点与直线，如图 3-10 所示。

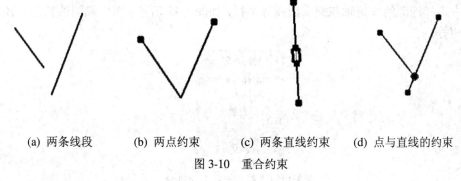

　(a) 两条线段　　　(b) 两点约束　　　(c) 两条直线约束　　　(d) 点与直线的约束

图 3-10　重合约束

7) 对称约束

(1) 单击图标按钮 ✛对称 。

(2) 系统提示"选择中心线与两顶点使它们对称"时，选择一条中心线以及两个点，如图 3-11 所示。

注意：线段不能作为中心线，选择的点必须分布在中心线的两侧，否则约束不成立。

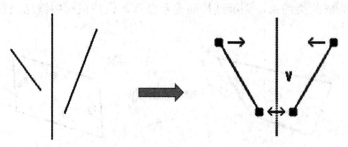

图 3-11　对称约束

8) 相等约束(创建相等长度、相等半径或相等曲率)

(1) 单击图标按钮 =相等 。

(2) 系统提示 "选择两条或多条直线(相等段);两个或多个圆/弧/椭圆(等半径);一个样条与一条线或弧(等曲率);两个或多个线性/角度尺寸(等尺寸)" 时,可根据提示进行选择,如图 3-12 所示。

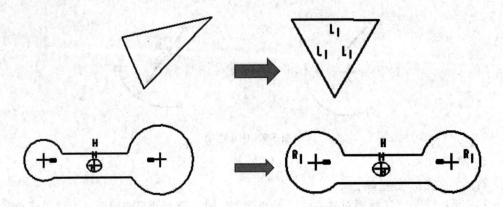

图 3-12　相等约束

注意:在选择椭圆与圆或圆弧等半径时,会弹出如图 3-13 所示的对话框。用户可以在对话框中选择椭圆的长短轴与圆或圆弧等半径,如图 3-12 所示。图中椭圆的长轴半径与小圆半径相等。

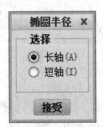

图 3-13　【椭圆半径】对话框

9) 平行约束

(1) 单击图标按钮 ∥平行 。

(2) 系统提示 "选择两个图元或多个图元使它们平行" 时,选择两条直线,则被选的两条直线平行。

(3) 若还没完成此类约束,则继续按照提示操作,或按鼠标中键结束命令,如图 3-14 所示。

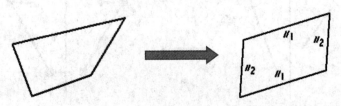

图 3-14　平行约束

3. 删除约束

在某些情况下，有些约束类型是用户不需要的，此时需要用到删除的方法。其调用方法如下：

(1) 选择要删除的约束符号。

(2) 按下键盘上的 Delete 键，进行删除。

注意：在选择删除的约束符号时，也可单击鼠标右键(按键时间稍长点)，选择对话框中的【删除】命令进行删除。删除相关约束后，系统会自动添加一个相应的弱尺寸(可以更改的)来使截面图形保持可求解状态。

4. 解决过度约束

过度约束：一个约束由一个以上的尺寸约束的现象。

当出现如图 3-15 所示的窗口时，根据对话框中的提示或根据设计要求对显示的约束或尺寸进行相应取舍。

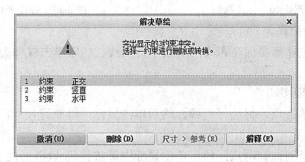

图 3-15　【解决草绘】对话框

3.3　尺 寸 标 注

系统中的尺寸分为弱尺寸和强尺寸。在绘制图元的过程中，系统自动为其标注的尺寸置为弱尺寸(默认为浅蓝色显示)，以完全定义草图。有些弱尺寸是用户不需要的，且它的基准是无法判断的，因此需要用户对相应的图元标注尺寸，即强尺寸(默认为蓝色显示)。不过，尺寸的数值可以任意修改，对图元进行精确定位。

1. 标注尺寸

调用命令的方式如下：

(1) 单击【草绘】面板中的 ←→ 按钮，或单击鼠标右键(按键时间稍长)，选择【尺寸】命令。

(2) 选取标注的图元。

(3) 移动鼠标指针至相应尺寸的位置，单击中键，弹出尺寸值文本框，按回车键接受当前尺寸；或输入一个新的尺寸，按回车键(也可将鼠标指针移开尺寸，单击鼠标中键，即为确定)。

(4) 重复前两步操作，标注其他尺寸。

(5) 单击鼠标中键结束命令。

注意:

(1) 若尺寸位置不合适, 可按住鼠标放在尺寸上进行拖曳, 将尺寸移至合适的位置。

(2) 弱尺寸不可手动删除, 而添加强尺寸后, 系统会自动删除不必要的弱尺寸和约束。

1) 线性标注

线性标注包括直线的长度、两平行线的距离、点到直线的距离、两点之间的距离等。

(1) 直线的长度。

启动命令后, 单击选取需要标注长度的直线或直线段的两点, 单击鼠标中键放置尺寸位置(**注意:** 不能标注中心线, 因为中心线是无限长的直线), 如图 3-16 所示。

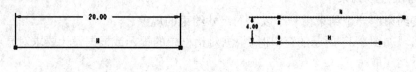

图 3-16　标注直线　　　　　　　　　图 3-17　标注平行线

(2) 两平行线的距离。

启动命令后, 选择需要标注距离的两条平行直线, 然后单击鼠标中键放置尺寸, 如图 3-17 所示。

(3) 点到直线的距离。

启动命令后, 单击点, 再选择直线, 然后单击鼠标中键放置尺寸, 如图 3-18 所示。

(4) 两点之间的距离。

启动命令后, 分别选择两点, 然后单击鼠标中键放置尺寸(根据尺寸放置的位置不同, 标注这两点之间的距离或垂直距离、水平距离), 如图 3-19 所示。

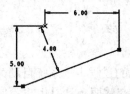 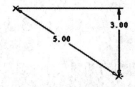

图 3-18　标注点到直线的距离　　　　　图 3-19　标注两点之间的距离

2) 径向标注

径向标注是指圆弧、圆或旋转截面上的尺寸标注。

(1) 标注圆或圆弧半径。

启动命令后, 单击圆或圆弧, 然后单击鼠标中键放置尺寸, 如图 3-20 所示。

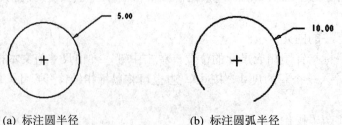

(a) 标注圆半径　　　　　　　　(b) 标注圆弧半径

图 3-20　标注圆或圆弧半径

(2) 标注直径。

启动命令后，双击圆或圆弧，然后单击鼠标中键放置尺寸，如图 3-21(a)所示。

当在尺寸上先单击左键再单击右键时，弹出如图 3-21(b)所示的快捷菜单，可选择"转换为半径"或"转换为线性"。标注半径也可使用同样的方法改变标注格式。

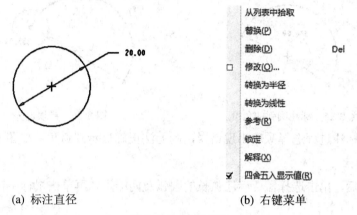

(a) 标注直径　　　　　　　　　　(b) 右键菜单

图 3-21　标注切换

(3) 标注椭圆或椭圆圆弧半径。

椭圆的尺寸标注可使用长、短轴半径值表示。

启动命令后，单击椭圆或椭圆圆弧，然后单击鼠标中键放置尺寸，将弹出如图 3-22 所示的对话框。在该对话框中选择所要标注的半径，如图 3-23 所示。

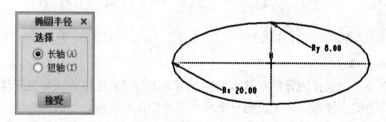

图 3-22　【椭圆半径】对话框　　　　图 3-23　标注椭圆半径

3) 角度标注

角度尺寸是指两条直线的夹角或两个端点之间弧的角度。

(1) 标注两直线角度。

启动命令后，分别单击选择需要标注角度的两条直线，再单击鼠标中键放置尺寸(鼠标放置的位置不同，其标注的结果也有所差异)，如图 3-24 所示。

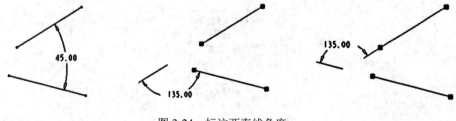

图 3-24　标注两直线角度

(2) 标注圆弧的角度。

启动命令后，依次单击选择圆弧一端点、圆心与圆弧另一端点，再单击鼠标中键放置尺寸，如图 3-25 所示。

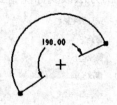

图 3-25   标注圆弧的角度   图 3-26   错误选择

注意：若标注过程选择顺序出现错误，则无法正确显示圆弧角，如图 3-26 所示。

4) 弧长标注

启动命令后，单击选择需要标注弧长的圆弧及两端点，再单击鼠标中键放置尺寸，如图 3-27 所示。

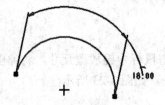 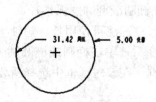

图 3-27   标注弧长   图 3-28   标注周长

5) 周长标注

启动命令后，选择图元进行基本标注，再单击 周长 按钮选择周长所包含的图元，然后单击鼠标中键选择所选图元上的一个尺寸并单击鼠标中键，被选择的尺寸成为由周长尺寸控制的可变尺寸，系统将显示周长尺寸与变量尺寸，如图 3-28 所示。

6) 基线标注

由于弱尺寸的影响，标注尺寸将显得杂乱且不容易分辨，此时需要利用基线标注减少尺寸，使图像更加清晰。

单击 基线 按钮，选择图元(直线、圆等)，若圆或圆弧为基准时，将弹出如图 3-29 所示的对话框；选择"竖直"或"水平"单选按钮后，单击【接受】按钮即可完成基线标注，如图 3-30 所示。

图 3-29   【尺寸定向】对话框

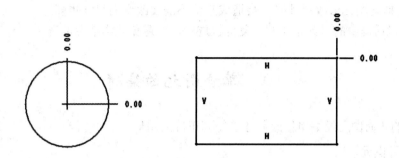

图 3-30   标注基线

2. 修改尺寸

1) 修改单个尺寸

假使修改某个尺寸，可通过双击需修改的尺寸，激活该尺寸的尺寸文本框，输入新值，系统则可以更新几何图元的相应尺寸。

注意：当弱尺寸被修改后，则系统转化为强尺寸。

2) 利用鼠标拖曳修改尺寸

(1) 单击并按住鼠标左键拖动某图元，可以改变其几何图元的形状，其约束关系不会改变。

(2) 当光标接近某尺寸的空心箭头处，可以拖动尺寸修改尺寸。

注意：拖动圆心可以修改圆心位置。

3) 利用【修改尺寸】对话框修改尺寸

若一次将修改多个尺寸，则利用【修改尺寸】对话框修改几何图元的尺寸数值。

调用命令方法如下：

单击【草绘】中【编辑】面板中的【修改】命令按钮 修改 即可修改尺寸；或者用鼠标左键单击某修改尺寸，再单击右键(按键时间稍长点)，弹出如图 3-31 所示的界面，选择【修改】命令，弹出如图 3-32 所示的对话框。

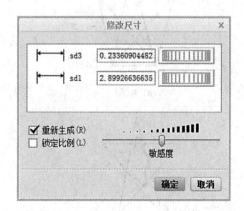

图 3-31   右键菜单(1)   图 3-32   【修改尺寸】对话框

注意：(1) 单击并拖动每个尺寸文本框右侧的旋转轮盘，或者在旋转轮盘上使用鼠标滚轮修改尺寸。

(2) 在拖动图元修改尺寸时，会造成某些不需要改变的尺寸也随之发生变化，因此应将图 3-32 对话框中的"锁定比例"复选框选中，可避免此类情况的发生。

3.4 草绘图元的编辑

草绘的几何图元经编辑修改后才能得到正确的图形。

1. 删除图元

单击选中需要删除的图元，按下键盘上的 Delete 键，或单击鼠标右键(按键时间稍长点)，选择如图 3-33 所示的对话框中的【删除】命令，即可删除。

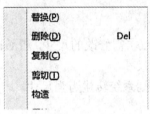

图 3-33　右键菜单(2)

2. 修剪图元

可以将不需要的图元删除。

1) 删除段修剪

(1) 单击图标按钮 ⚡ 删除段 。

(2) 系统提示"选择图元或图元上面拖动鼠标来修剪"时，单击选择需要删除的图元即可，如图 3-34 所示。

(3) 单击鼠标中键结束命令。

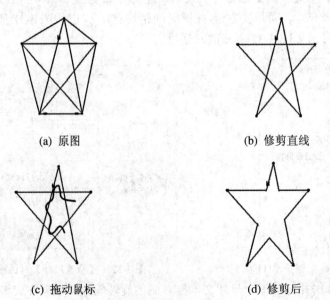

(a) 原图　　　　　　　　　　　　　　(b) 修剪直线

(c) 拖动鼠标　　　　　　　　　　　　(d) 修剪后

图 3-34　删除段修剪

注意：若选择的图元不与其他图元相交，则整个图元将被删除；若选择的图元与其他图元相交(相切)，则以相交(相切)点为界，选择位置所处一侧的图元将被删除。

2) 拐角修剪

(1) 单击图标按钮 一拐角 。

(2) 系统提示"选择要修剪的两个图元"时，单击选择两条直线，系统将自动修剪或延伸所选的直线，如图 3-35 所示。

(3) 单击鼠标中键结束命令。(可重复使用(2)，得到想要的正确图形)

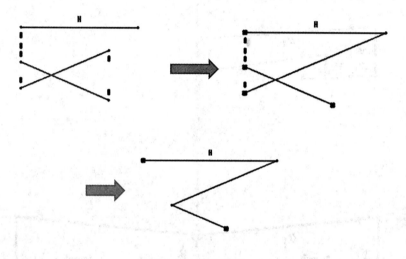

图 3-35　拐角修剪

注意：使用该修剪方法后，保留的是鼠标选择的那一侧。

3) 分割图元

利用【分割】命令可将鼠标在图元选定的位置截断。

(1) 单击图标按钮 ⌐ 分割 。

(2) 根据系统的提示，在需要分割的位置单击鼠标，系统会自动将图形进行分割，如图 3-36 所示。

图 3-36　分割图元

3.5　镜　像　图　元

镜像命令利用中心线为轴线，对称生成选中的图元。

(1) 先选取需要镜像的图元或某部分图元。

(2) 单击图标按钮 ⚹ 镜像 。

(3) 系统提示"选取一条中心线"时，选择一条中心线作为轴线，系统则自动将所选的图元镜像至中心线的另一侧。若没有中心线，可以在镜像之前绘制一条中心线，如图 3-37 所示。

(4) 单击鼠标中键完成【镜像】命令。

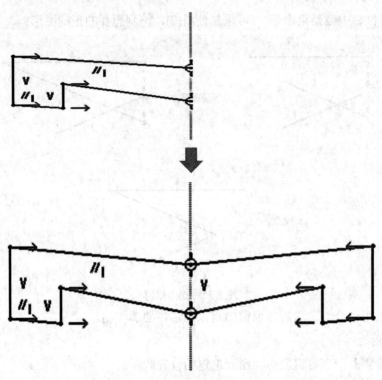

图 3-37　镜像图元

注意： 只能镜像几何图形。

3.6　旋转调整图元

利用【旋转调整大小】命令可以实现图元的旋转、缩放和移动等操作。

(1) 选取几何图元。

(2) 单击图标按钮 ↻ 旋转调整大小，将弹出如图 3-38 所示的操控板。此时，所选取的几何图元出现点画线方框，并带有移动和旋转的符号，如图 3-39(a)所示。

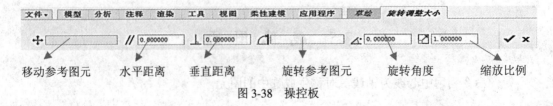

图 3-38　操控板

当打开"显示尺寸"时，则显示水平、垂直移动距离及缩放比例，如图 3-39(a)所示。双击某个值，可以修改相应的数值。

(3) 若需要精确的调整图元的位置大小，可在【旋转调整大小】面板下对应的文本框中修改相应的数值，如图 3-39(b)所示。

(4) 单击鼠标中键关闭其操作面板。

(5) 单击鼠标中键结束命令。

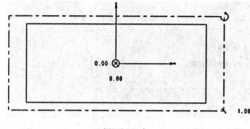

　　(a) 显示尺寸　　　　　　　　(b) 在对应的文本框中修改相应的数值

图 3-39　旋转调整图元大小

注意：若移动距离为正，则所选图元沿箭头方向移动，否则沿箭头反方向移动。若角度为正，则所选图元逆时针旋转，否则顺时针旋转。

3.7　复制图元

同删除对象一样，想要复制图元，必须先选择对象才能激活该命令。其步骤如下：

(1) 单选或框选需要进行复制的图元。

(2) 单击复制图标 🗋(或使用 Ctrl+C 快捷键)，调用复制命令。

一般复制和粘贴是相辅相成的。粘贴图元的操作步骤如下：

(1) 将需要进行粘贴操作的草绘器窗口激活为当前活动窗口。

(2) 单击粘贴图标 🗋(或使用 Ctrl+V 快捷键)，调用粘贴命令。

(3) 当光标显示为 🖔 时，单击确定放置粘贴图元的位置。

(4) 弹出如图 3-38 所示的控制面板。后面的操作方法和 3.6 节中的(2)～(5)相同，且系统将会自动添加尺寸和几何约束。

注意：可以将当前草绘器窗口粘贴到另一个草绘器中，如图 3-40 所示。

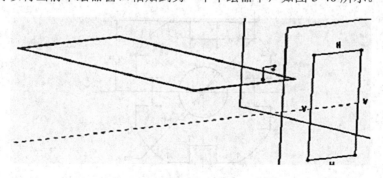

图 3-40　粘贴草绘

3.8　解决约束和尺寸冲突问题

有时在手动添加几何约束或尺寸时，由于图元中存在多余的约束或尺寸，将会和已有的约束或尺寸发生冲突，弹出如图 3-41 所示的对话框。根据对话框中的提示或设计要求，对尺寸或约束进行相应的取舍，即可解决冲突问题。

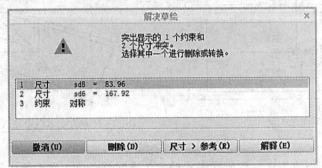

图 3-41　【解决草绘】对话框

对话框中列出发生冲突的尺寸或约束，并且提示解决办法。其各功能键的解释如下：

(1) 撤销(在系统中显示为撤消)：取消正在添加约束或尺寸，回到完全约束状态。

(2) 删除：删除选中的约束或尺寸。

(3) 尺寸>参考：将选中的尺寸转换为参考尺寸，且在该尺寸数值后有"参考"字样。

(4) 解释：信息窗口显示选中尺寸或约束的含义。

3.9　上机实验操作指导——复杂草图绘制

根据图 3-42 所示，利用草图绘制及约束的命令对其进行绘制。其操作步骤如下：

(1) 创建新文件，单击【草绘】进入草绘模式。

(2) 用【中心线】命令分别绘制出竖直和水平中心线。

(3) 单击图标按钮 ⊙ 圆 ，绘制出如图 3-43 所示的同心圆，并且利用标注尺寸对其进行确定。

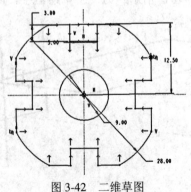

图 3-42　二维草图

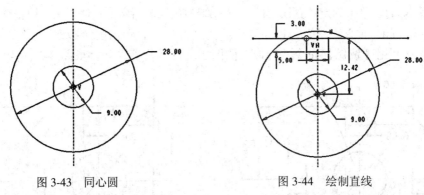

图 3-43 同心圆   图 3-44 绘制直线

(4) 绘制一条直线，与水平中心线平行，两者之间的距离为 12.5 mm。

(5) 绘制如图 3-44 所示的线段，再利用尺寸标注对其进行定位及确定。

(6) 单击图标按钮 [×ᵐ 删除段]，根据原图删除不需要的线段，如图 3-45(a)所示。

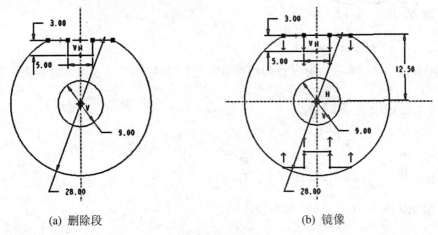

(a) 删除段   (b) 镜像

图 3-45 修改图元

(7) 利用鼠标拖曳的矩形框选择图 3-45(a)中圆上的线段部分，再单击 [中] 镜像，选择水平中心线，完成镜像操作，如图 3-45(b)所示。

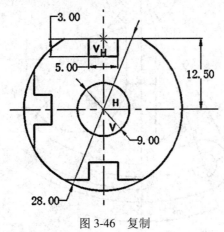

图 3-46 复制

(8) 利用鼠标拖曳的矩形框选择图 3-46 中小圆上的线段部分，单击 [图]，再单击 [图]，当

鼠标显示为 ⮕ 时，单击确定放置图元的位置，弹出图 3-38 所示的控制面板。根据原图可知水平距离为 –11 mm，垂直距离为 –11 mm，旋转角度为 90°，单击鼠标中键，如图 3-46 所示。

(9) 再次利用【镜像】命令，镜像左侧图元，并且修剪图元，如图 3-47 所示。

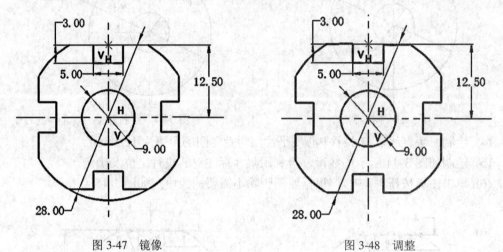

图 3-47　镜像　　　　　　　　　　　　　　　图 3-48　调整

(10) 如图 3-48 所示，对尺寸和约束进行相应调整。单击鼠标中键完成二维草图的绘制。

(11) 保存图形。

习　　题

1. 绘制如图 3-49 所示的二维草图。

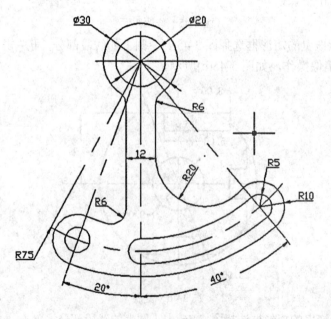

图 3-49　二维草图(1)

2. 绘制如图 3-50 所示的二维草图。

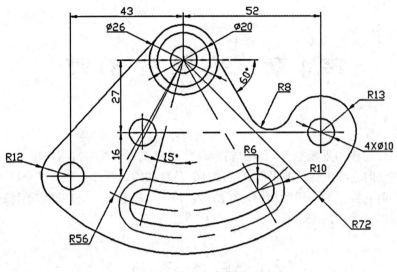

图 3-50　二维草图(2)

第4章　基准的创建

基准是三维建模的重要参考，在生成特征时，往往需要多个基准来确定其具体的位置。Creo 3.0 软件中的基准包括基准平面、基准轴、基准曲线、基准点和基准坐标系。这些基准在创建零件时起到重要的辅助作用，在图形窗口中可以看到，但在打印等情况下将不显示。本章将详细地介绍这些基准特征的使用和添加方法。

4.1　基准平面

基准平面也称基准面，是实体造型设计中使用最多的基准特征。系统将平面 FRONT、RIGHT、TOP 作为默认的基准平面，用户可以根据零件建模或者三维装配的需要来创建合适的基准平面。

为了区别和选择，每个基准平面都有一个唯一对应的名称 DTM#，其中#代表的是基准平面的流水号，如 DTM1、DTM2 等。基准平面有两侧：棕色侧面和灰色侧面，依次来确定基准平面的正反向。一般来说，定义棕色侧面为基准平面的正向，灰色侧面为基准平面的反向。

要选择一个基准平面，可以选择其名称，也可以选择它的一条边界。

1. 创建基准平面的方法

添加基准平面的过程就是指定约束定位基准面的过程。具体操作步骤如下：

(1) 如图 4-1 所示，单击【模型】功能选项卡【基准】区域中的【平面】图标按钮 ▱。

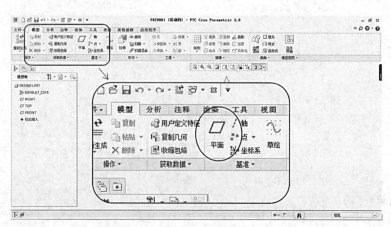

图 4-1　"基准平面"选项位置

(2) 系统弹出【基准平面】对话框，包括【放置】、【显示】、【属性】三个选项卡，分别如图 4-2、图 4-3 和图 4-4 所示。

【放置】选项卡用于设置相应的约束条件。若需要删除某一参考图元，则用鼠标右键单击参照选项，在弹出的如图 4-5 所示的快捷菜单中再用鼠标左键单击【移除】按钮，于是在另一【信息】窗口上将显示所选参照的具体信息。

在 Creo 3.0 中，用户选取的参照分为平面、边/线、点及坐标系等，与其对应的约束类型有穿过、偏移、平行、垂直等，如图 4-6 所示的下拉列表，相关功能介绍如下。

图 4-2　【放置】选项卡(1)

图 4-3　【显示】选项卡(1)　　　图 4-4　【属性】选项卡(1)

图 4-5　快捷菜单

图 4-6　约束类型选择

① 穿过：要创建的基准平面通过一个基准轴、模型上的某条边线或者基准曲线、基准点或模型上的某定点。

② 偏移：将选定的参照平面、基准平面或者坐标系平行移动一定距离以确定新的基准平面，此时需要指定的偏移值。

③ 平行：要创建的基准平面平行于另一平面。

④ 垂直：要创建的基准平面垂直于另一平面。

2. 实例讲解

(1) 通过已有平面平移创建基准平面。

当选择一个参考平面(基准平面或者实体平面)时，默认的约束类型为偏移，此时可以沿着参考平面的法向平移一段距离创建基准平面。方法如下：

① 单击【模型】功能选项卡【基准】区域中的【平面】图标按钮 ▱，弹出【基准平面】对话框；在模型中选择一个平面，在【平移】中输入偏移距离。模型和【基准平面】对话框显示如图 4-7 所示。

② 单击【确定】按钮即可完成基准平面的创建。

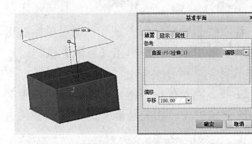

图 4-7　通过已有平面平移创建基准平面　　　　图 4-8　通过轴和边添加新基准平面

注意: ① 若偏移值为正,则基准平面沿箭头方向偏移;偏移值为负,则基准平面沿箭头反方向偏移,也可以将拖动控制句柄拖曳至某一位置,确定偏移距离。

② 当选择参考平面后,除了上述"偏移"默认约束类型外,还可以从图 4-6 所示的"约束"下拉列表中选择"穿过""平行"。若选择"穿过"约束,则创建出与参考平面重合的基准平面;若选择"平行",则还需要选择另一个参考特征(如点、线)来创建与第一参考面平行或垂直的基准平面。

(2) 通过轴线、实体边来创建基准平面。

利用空间两条共面直线或垂直直线(轴线或者实体边)创建基准平面。方法如下:

① 单击【模型】功能选项卡【基准】区域中的【平面】图标按钮 ▱,弹出【基准平面】对话框;在模型中选择一根参考轴线,按住 Ctrl 键选择另一条与其共面的参考直线,约束类型只能为"穿过"。模型和【基准平面】对话框显示如图 4-8 所示。

② 单击【确定】按钮即可完成基准平面的创建。

(3) 通过点与线、点与面来创建基准平面。

通过指定点(1 点或者 2 点)并与另一参考直线或参考平面平行、或垂直、或相切创建基准平面。方法如下:

① 单击【模型】功能选项卡【基准】区域中的【平面】图标按钮 ▱,弹出【基准平面】对话框。模型和【基准平面】对话框显示分别如图 4-9 和图 4-10 所示。

方法 1　通过一点与一线或者一面创建基准面。

在模型中选择一个参考点,按住 Ctrl 键选择另一点或者选择另一条参考直线或者参考平面,并设置平面约束类型为"平行"模式。模型和【基准平面】对话框显示如图 4-9(a)所示。

(a) 一个指定点与所选基准面为平面　　　　　(b) 一个指定点与所选基准面为圆柱面

图 4-9　通过点与已有直线、平面创建基准平面

注意: 如果选择的参考面为圆柱面,可设置约束类型为"相切",则可以创建通过参考点且与圆柱面相切的基础平面,如图 4-9(b)所示。

方法 2　通过两点与一线或者一面创建基准面。

在模型中选择两个参考点，按住 Ctrl 键继续选择另一点或者选择另一条参考直线或者参考平面，并设置平面约束类型为"平行"模式（"法向"为默认设置）。模型和【基准平面】对话框显示如图 4-10(a)所示。

(a) 两个指定点与所选基准面为平面　　　　　　(b) 两个指定点与所选基准面为圆柱面

图 4-10　通过点与已有直线、平面创建基准平面

注意：如果选择的参考面为圆柱面，并且选择的是圆柱面及其上的两个点做参考，并默认为"穿过"，则可以创建通过这两个参考点并与圆柱面相交的基准平面，如图 4-10(b)所示。

(4) 通过一条直线和平面创建基准平面。

通过指定的一条直线(实体边线或轴线)与参考平面呈一定角度创建基准平面。方法如下：

① 单击【模型】功能选项卡【基准】区域中的【平面】图标按钮 ▱，弹出【基准平面】对话框；在模型中选择一个参考轴线，按住 Ctrl 键选择一平面作为参考平面。约束类型选项说明如下：

a. 偏移：创建的基准平面与参考平面可以成指定角度。

b. 法向：创建的基准平面与参考平面垂直。

c. 平行：创建的基准平面与参考平面平行。

d. 若选择的参考平面是圆柱面，则可以创建通过指定直线且"穿过"所选圆柱面轴线或"相切"于圆柱面的基准平面。

模型和【基准平面】对话框显示如图 4-11 所示。

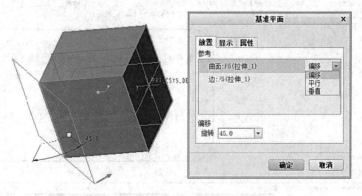

(a) 指定直线与所选基准面为平面

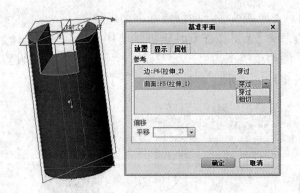

(b) 指定直线与所选基准面为圆柱面

图 4-11　通过一条直线和平面创建基准平面

4.2　基　准　轴

基准轴是一条无限长的轴线。如同基准平面，基准轴常用于建立基准面、创建特征、同心放置的参照，也可用于创建旋转特征时的参考等，尤其是在创建圆柱等旋转特征时是一种重要的辅助基准特征。

基准轴的产生也分为两种：一是基准轴作为一个单独的特征来创建；二是在创建带有圆弧的特征期间，系统会自动产生一个基准轴，但此时必须将配置文件选项"show_axes_for_extr_arcs"设置为 yes。

每一个基准轴都有一个唯一的名称，默认情况下基准轴的名称是 A_#，其中#是基准轴的流水号，如 A_1、A_2、A_3 等。要选取一个基准轴，可选择基准轴线自身或其名称。

1. 创建基准轴的方法

添加基准轴的过程就是指定约束定位基准轴的过程。具体操作步骤如下：

(1) 如图 4-12 所示，单击【模型】功能选项卡【基准】区域中的【轴】图标按钮 ╱ 。

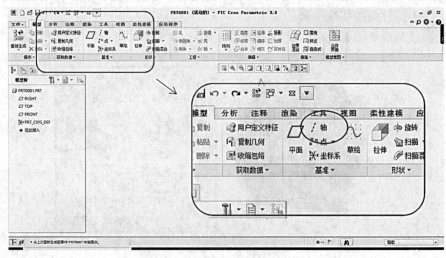

图 4-12　"基准轴"选项位置

(2) 弹出【基准轴】对话框，如图 4-13 所示。在模型中，选择至多两个参考，可选择
已有的基准轴、平面、曲面、边、顶点、曲线、基准点，选择的参考显示在【参考】栏中
(如图 4-14 所示)，加入参考条件，完成基准轴的创建。

图 4-13 【基准轴】对话框

图 4-14 【放置】选项卡(2)

【基准轴】对话框包括三个选项卡：【放置】、【显示】、【属性】，分别如图 4-14、图 4-15
和图 4-16 所示。其中，【放置】选项卡用于创建基准轴的参照及约束条件，主要约束类型
有穿过、法向、相切。如果选择了法向约束类，就要选取偏移参照。具体约束方式如下：

图 4-15 【显示】选项卡(2)

图 4-16 【属性】选项卡(2)

① 过边界：要创建的基准轴通过模型上的一个直边。

② 垂直平面：要创建的基准轴垂直于某个"平面"。操作时，先选取要与基准轴垂
直的平面，然后分别选取两条定位的参考边，并定义其到参考边的距离。

③ 过点且垂直于平面：要创建的基准轴通过一个基准点并与一个"平面"垂直。"平
面"可以是一个现成的基准平面或者模型上的表面。

④ 过圆柱：要创建的基准轴通过模型上的一个旋转曲面的中心轴。操作时，需要另
选择一个圆柱面或者圆锥面。

⑤ 两平面：在两个指定平面(基准平面或模型上的平面)的相交处创建基准轴。

⑥ 两个点/顶点：要创建的基准轴通过两点，这两个点既可以是基准点，也可以是模型上的顶点。

2. 讲解实例

1) 通过两点创建基准轴

通过选定的两个点来创建基准轴。方法如下：

(1) 单击【模型】功能选项卡【基准】区域中的【轴】图标按钮 ，弹出【基准轴】对话框；在模型中选择一点，按住 Ctrl 键选择另一点。模型和【基准轴】对话框显示如图 4-17 所示。

(2) 单击【确定】按钮即可完成基准轴的创建。

 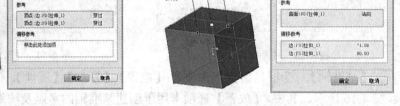

图 4-17　通过两点创建基准轴　　　　图 4-18　通过已有平面创建基准轴

2) 创建一个与已有平面垂直的基准轴

通过选择已有参考平面，并利用垂直约束来创建基准轴。方法如下：

(1) 单击【模型】功能选项卡【基准】区域中的【轴】图标按钮 ，弹出【基准轴】对话框；在模型中选择一个平面，然后选择两个偏移参照，输入偏距值。模型和【基准轴】对话框显示如图 4-18 所示。

(2) 单击【确定】按钮即可完成基准轴的创建。

3) 通过两个不平行平面创建基准轴

通过空间两不平行平面的交线创建基准轴。相交的两个面包括两平面延长后相交，或平面与圆弧面的相切线。方法如下：

(1) 单击【模型】功能选项卡【基准】区域中的【轴】图标按钮 ，弹出【基准轴】对话框；在模型中选择一个平面，按住 Crtl 键选择另一个与之不平行的平面。系统将根据选择的两个参考面自动设置约束类型为"穿过"。

(2) 单击【确定】按钮即可完成基准轴的创建。

4) 通过圆弧创建基准轴

对于模型中的倒圆角、圆弧过渡等特征，可以根据实体的圆弧创建出与圆弧轴线同轴的基准轴。方法如下：

(1) 单击【模型】功能选项卡【基准】区域中的【轴】图标按钮 ，弹出【基准轴】对话框；在模型中选择一个圆弧，【约束】属性设置为"穿过"。模型和【基准轴】对话框显示如图 4-19 所示。

(2) 单击【确定】按钮即可完成基准轴的创建。

图 4-19 通过圆弧创建基准轴　　　　　　图 4-20 通过曲线创建基准轴

5) 通过曲线上一点并与曲线相切创建基准轴

通过曲线(圆、圆弧以及样条曲线等)上一点并与曲线相切创建基准轴。方法如下：

(1) 单击【模型】功能选项卡【基准】区域中的【轴】图标按钮 ，弹出【基准轴】对话框；在模型中选择曲线上的一点，【约束】类型选择"相切"。模型和【基准轴】对话框显示如图 4-20 所示。

(2) 单击【确定】按钮即可完成基准轴的创建。

4.3 基 准 点

基准点不但可以用于构成其他基本特征，还可以作为创建拉伸、旋转等基础特征时的终止参考，以及作为创建孔特征、筋特征的放置和偏移的参考对象。基准点包括草绘基准点、放置基准点、偏移坐标系基准点和域基准点。

在默认情况下，Creo 3.0 软件中将一个基准点显示为叉号"×"，其名称显示为 PNTn，其中 n 是基准点的编号。要选取一个基准点，可选择基准点自身或其名称。

基准点可以重命名，但不能对布局中声明的基准点重命名。

1. 创建基准点的方法

添加基准点的过程就是指定约束定位基准点的过程。具体操作步骤如下：

(1) 如图 4-21 所示，单击【模型】功能选项卡【基准】区域中的【点】图标按钮 。

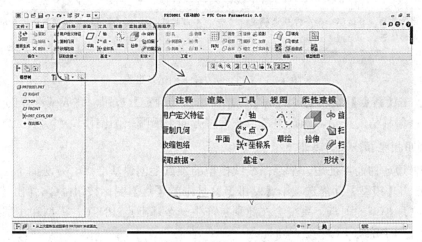

图 4-21 "基准点"选项位置

(2) 系统弹出【基准点】对话框，包括【放置】、【属性】两个选项卡，如图 4-22 所示。

图 4-22　【基准点】对话框

2. 讲解实例

1) 在曲线/边线上创建基准点

用位置的参数值在曲线或边上创建基准点，该位置参数值确定是从一个顶点开始沿曲线的长度，包括"曲线末端"和"参考"两种模式。方法如下：

(1) 单击【模型】功能选项卡【基准】区域中的【点】图标按钮 ，弹出【基准点】对话框；单击鼠标左键确定基准点的位置，通过拖动基准点定位手柄，手动调节基准点的位置，或者设置【偏移】、【比率】选项卡的相应参数定位基准点。模型和【基准点】对话框显示如图 4-23 所示。

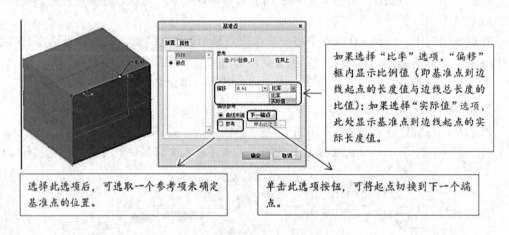

图 4-23　在曲线/边线上创建基准点

(2) 单击【新点】添加更多的基准点，再单击【确定】按钮，完成基准点的创建。

注意：偏移值的正负，确定参考点在偏移方向上沿哪一侧偏移。

2) 利用模型顶点创建基准点

在零件边、曲面特征边、基准曲线或模型的顶点上创建基准点。方法如下：

(1) 单击【模型】功能选项卡【基准】区域中的【点】图标按钮 ，弹出【基准点】对话框；选取模型的顶点，系统会在此顶点产生一个基准点 PNT0。模型和【基准点】对话框显示如图 4-24 所示。

(2) 单击【新点】添加更多的基准点，再单击【确定】按钮，完成基准点的创建。

3) 利用模型中心点创建基准点

在一个圆、一条弧或一个椭圆图元的中心处创建基准点。方法如下：

(1) 单击【模型】功能选项卡【基准】区域中的【点】图标按钮 ，弹出【基准点】对话框；选取模型的中心点，约束类型选为【居中】，系统会在此处产生一个基准点 PNT0。模型和【基准点】对话框显示如图 4-25 所示。

(2) 单击【新点】添加更多的基准点，再单击【确定】按钮，完成基准点的创建。

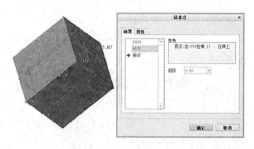 

图 4-24 利用模型顶点创建基准点   图 4-25 利用模型中心点创建基准点

4) "草绘"创建基准点

进入草绘环境，创建基准点。方法如下：

(1) 单击【模型】功能选项卡【基准】区域中的【草绘】图标按钮 ，弹出【草绘】对话框；选取模型面作为草绘平面，采用系统默认的参考和方向，单击【草绘】按钮，进入草绘模式；单击【草绘】面板中的【构造模式】图标按钮 ，开启"构造"模式。在草绘平面创建所需基准点并调整位置。操作过程所用选项卡如图 4-26 所示。

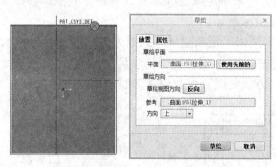

(a) 【草绘】对话框

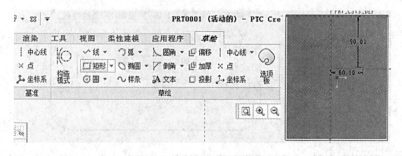

(b) 【草绘】界面及基准点位置的确定

图 4-26 "草绘"创建基准点

(2) 单击【确定】按钮完成基准点的创建。

4.4　基准坐标系

坐标系是最重要的公共基准，常用来确定特征的绝对位置。它可应用于以下方面：
- 装配元件。
- 计算模型质量属性。
- 进行有限元分析放置属性。
- 使用加工模块时为刀具轨迹提供制造操作参考。
- 用于定位其他特征的参考(坐标系、基准点、平面和轴线、输入的几何等)。

在 Creo 3.0 系统中，可以使用下列三种形式的坐标系：
(1) 笛卡尔坐标系：系统用 X、Y 和 Z 表示坐标值。
(2) 柱坐标系：系统用半径、theta(θ)和 Z 表示坐标值。
(3) 球坐标系：系统用半径、theta(θ)和 phi(Ψ)表示坐标值。

1. 创建基准坐标系的方法

添加基准坐标系的过程就是指定约束定位基准坐标系的过程。具体操作步骤如下：
(1) 如图 4-27 所示，单击【模型】功能选项卡【基准】区域中的【坐标系】图标按钮 ↗×。
(2) 系统弹出【基准坐标系】对话框，包括【原点】、【方向】、【属性】三个选项卡，分别如图 4-28、图 4-29 和图 4-30 所示。

① 【原点】选项卡用来设定或更改参照或者约束类型，参照可以是平面、边、轴、曲线、基准点、顶点或坐标系等。

② 【方向】选项卡用来确定新建坐标系的方向和位置。其中，【参考选择】指的是该项允许通过选取坐标系中任意两根轴的方向参照定向坐标系；【选定的坐标系轴】指的是该项允许定向坐标系，方法是绕着作为放置参照使用的坐标系的轴旋转该坐标系。

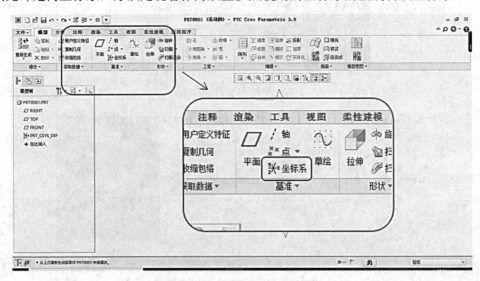

图 4-27　"基准坐标系"选项位置

③ 【属性】选项卡用来查看其基本名称等属性。

图 4-28　【原点】选项卡　　　　图 4-29　【方向】选项卡　　　　图 4-30　【属性】选项卡(3)

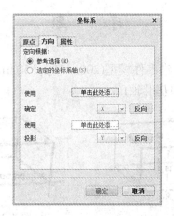

2. 讲解实例

1) 通过三个平面创建坐标系

选择三个平面(模型的表平面或基准平面)，这些平面不必正交，其交点作为坐标原点，选定的第一个平面的法向定义一个轴的方向，第二个平面的法向定义另一轴的大致方向，系统使用右手定则确定第三轴。方法如下：

(1) 单击【模型】功能选项卡【基准】区域中的【坐标系】图标按钮 。在模型中选取一个平面，按住 Ctrl 键依次添加另外两个平面；模型中会出现 X、Y、Z 轴，接下来单击【方向】选项，打开【方向】选项卡，选取坐标轴的方向。模型及【坐标系】对话框如图 4-31 所示。

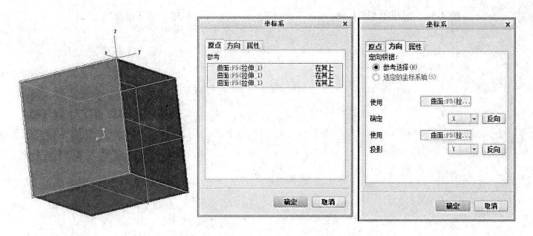

图 4-31　通过三个平面创建坐标系

(2) 单击【确定】按钮，完成基准坐标系的创建。

2) 通过三条边创建坐标系

通过三条边创建基准坐标系，方法与通过三个平面创建坐标系相同，其交点作为坐标原点，具体操作步骤参照上述方法。

习　　题

1. 请根据图 4-32 所示创建零件模型(200 × 100 × 50 mm)，然后利用基准工具创建图 4-33 所示的基准特征(基准点和基准轴)。

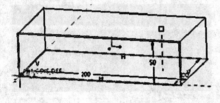

图 4-32　创建模型(1)

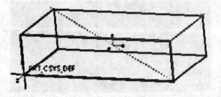

图 4-33　创建基准特征(1)

2. 请根据图 4-34 所示创建零件模型(20 × 10 × 5 mm)，然后利用基准工具创建图 4-35 所示的基准特征(基准点、基准轴和基准面)。

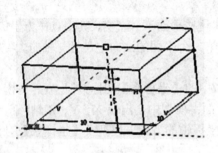

图 4-34　创建模型(2)

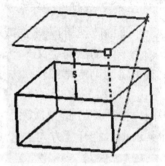

图 4-35　创建基准特征(2)

第 5 章　基础特征的创建

任何一个零件都是从基础特征的创建开始的，基础特征往往是父特征，就像高层的地基、机械加工的原材料，是进行下一步施工或加工的基础。在三维实体造型设计的过程中，首先需要创建基础特征，在基础特征的基础上再创建工程特征。

本章将介绍的内容如下：

(1) 创建拉伸特征的方法和步骤。

(2) 创建旋转特征的方法和步骤。

(3) 创建扫描特征的方法和步骤。

(4) 创建混合特征的方法和步骤。

(5) 创建螺旋扫描特征的方法和步骤。

5.1　拉　伸　特　征

拉伸特征是将二维特征截面沿垂直于草绘平面的方向拉伸而生成的特征。

调用命令的方式如下：

在功能区单击【模型】选项卡【形状】面板中的【拉伸】图标按钮 。

1. 拉伸特征的操控板

利用【拉伸】命令可以创建增加材料拉伸特征。

操作步骤如下：

(1) 单击图标按钮 ，打开【拉伸】操控板(其拉伸默认值为实体)，若单击图标按钮 则可以创建曲面，如图 5-1 所示。

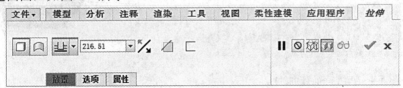

图 5-1　【拉伸】操控板

(2) 单击【放置】按钮，会弹出【放置】下滑板，如图 5-2 所示。

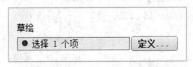

图 5-2　【放置】下滑板

(3) 单击【定义】按钮，弹出【草绘】对话框，如图 5-3 所示。

图 5-3　【草绘】对话框

(4) 选择 FRONT 基准平面为草绘平面，RIGHT 基准平面为参考平面，参考平面方向为右(为默认值)，单击图 5-3 中的【草绘】按钮进入草绘模式(单击 🔄 图标按钮即可使草绘平面与屏幕平行)。

(5) 绘制二维特征截面并修改草绘尺寸值，如图 5-4 所示；待重生成草绘截面后，单击 ✓ 图标按钮回到零件模式，如图 5-5 所示。

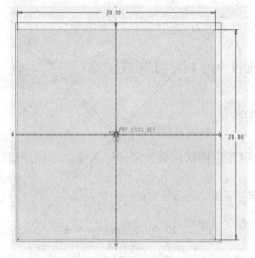

图 5-4　二维特征截面(1)

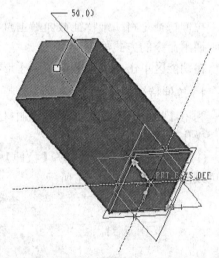

图 5-5　创建拉伸特征

(6) 在【拉伸】操控板中输入指定的拉伸深度值(如图 5-6 所示)，单击 ✓ 图标按钮(也可在图 5-5 中双击数值后，在弹出的文本框中修改)。

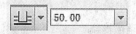

图 5-6　输入拉伸深度值

2．图标按钮

1）拉伸深度定义的图标按钮

（1）盲孔：该选项是直接指定拉伸特征总深度值，并沿拉伸方向生成该深度的特征。选择框后面的下拉框便是深度值，可以下拉选择，也可以输入。

（2）对称：该选项是直接指定拉伸特征总深度值，特征将在草绘平面两侧对称拉伸，并且其两端面的距离即为拉伸深度。

（3）拉伸至选定的点、线、曲线或平面：该选项是以草绘平面为特征的起始面，由用户指定的一个参照为特征的结束面，并沿着箭头指示的特征方向建立拉伸特征，其底面形状与选定的面相同。

（4）拉伸至下一曲面：该选项是以草绘为平面、为特征的起始面，与草绘平面相邻的下一个平面为特征的结束面，并沿着箭头指示的特征方向建立拉伸特征。

（5）穿透：该选项是以草绘平面为特征的起始面，并沿箭头指示的特征方向穿透模型所有表面而建立的拉伸特征。

（6）穿至：该选项是以草绘平面为特征的起始面，由用户指定一个平面为特征的结束面，并沿着箭头指示的特征方向建立拉伸特征。

2）其他图标按钮

（1）：将拉伸的深度方向改为草绘的另一侧。

（2）：为截面轮廓指定厚度创建薄壳特征。

（3）：分别为无预览、分离方式预览、连接方式预览以及检验方式预览，可以预览要生成的拉伸特征。

（4）：暂停模式。

（5）：取消特征创建或重定义。

（6）：完成特征创建。

（7）【选项】：单击选项卡，弹出图 5-7 所示的下拉菜单。在该下拉菜单中，可以重新定义草绘平面一侧或两侧拉伸特征的深度。"封闭端"复选框可以设置创建的曲面拉伸特征端口是否封闭，但在创建实体特征时不可用；"添加锥度"复选框可以设置创建的曲面或实体带有锥度。

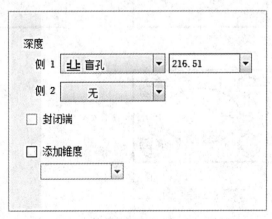

图 5-7　【选项】菜单

3. 去除材料

利用【拉伸】命令可以创建移除材料的特征。

操作步骤如下：

(1) 创建一个拉伸材料特征，同 5.1 节中图 5-5 零件模型。

(2) 选择 FRONT 平面，单击【拉伸】图标按钮进入草绘平面。

注意：单击图标按钮⬚，弹出其下拉菜中的【线框】选项，更方便于草绘。

(3) 草绘二维特征截面并修改草绘尺寸值，如图 5-8 所示，单击图标按钮✔完成二维特征截面的创建。

(4) 在【拉伸】操控板中先单击【草绘方向另一侧】图标按钮✗调整拉伸方向，再单击【移除材料】图标按钮◢即可生成三维模型，如图 5-9 所示。

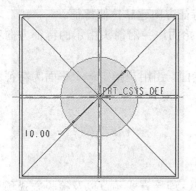

拉伸去除材料

图 5-8　二维特征截面(2)　　　图 5-9　移除材料后的三维模型

4. 拉伸特征实例

根据图 5-10 所示的草绘三视图，用拉伸特征创建模型。

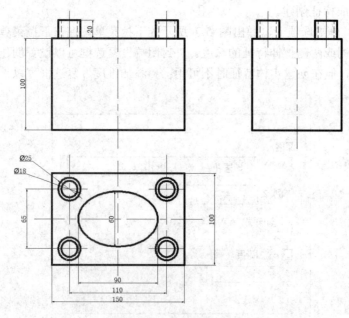

图 5-10　拉伸模型的草绘三视图

(1) 选择 FRONT 平面，再单击【拉伸】图标按钮，进入二维截面草绘模式，绘制如图 5-11 所示的草绘图；单击图标按钮 ✔ ，输入拉伸厚度为 100 mm，再单击图标按钮 ✔ 完成拉伸 1 的创建，如图 5-12 所示。

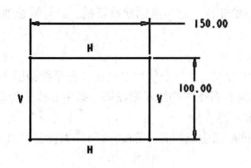

图 5-11　拉伸 1 的二维截面图　　　　　　　　　图 5-12　拉伸 1 的三维模型

(2) 选择拉伸 1 的一个长方形底面为草绘平面，单击【拉伸】图标按钮，绘制如图 5-13 所示的二维特征截面，单击图标按钮 ✔ 完成二维特征截面，退出草绘模式。

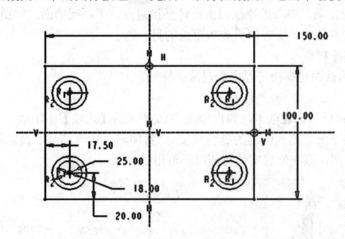

图 5-13　二维特征截面(3)

(3) 输入拉伸深度为 20 mm，单击图标按钮 ✔ 完成三维特征模型的创建，如图 5-14 所示。

图 5-14　三维特征模型

拉伸特征实例

5.2　旋　转　特　征

旋转特征是将草绘截面绕定义的中心线旋转一定角度创建特征的。旋转特征通过旋转截面来创建旋转几何、添加或去除材料。

在创建旋转特征时要注意以下几点：

(1) 旋转特征必须有一条绕其旋转的中心线。此中心线可以是包含在草绘截面中，也可以是之前建立的独立于本特征的轴线。如果有多条中心线，则以第一条中心线作为旋转轴。

(2) 截面必须全部位于中心线的一侧。

(3) 生成旋转实体时，截面必须是封闭的；而生成曲面和薄板特征时，截面是可以开放的。

1. 旋转特征中图标按钮

旋转特征中图标按钮介绍如下：

(1) ⏛ 变量：自草绘平面以指定的角度旋转二维特征截面。

(2) ⊟ 对称：在草绘平面的双侧分别以指定的角度旋转二维特征截面。

(3) ⏛ 到选定项：将二维特征截面旋转至指定点、平面或曲面，如图 5-15 所示。

(4) ↗：将旋转的角度方向更改为草绘的另一侧。

(5) ◿：移除材料。

(6) ☐：为截面轮廓指定厚度创建薄壳特征。

(7) ↻：指定旋转轴。

(8)【选项】：单击该选项卡，弹出如图 5-16 所示的【选项】下滑板。在该下滑板中，可以重定义草绘平面一侧或两侧的旋转角度。"封闭端"复选框可以设置创建的曲面旋转特征端口是否封闭，但在创建实体特征时不可用。

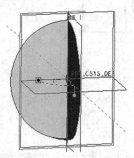

图 5-15　二维特征截面旋转至指定基准面　　　　图 5-16　【选项】下滑板

2. 创建增加材料旋转特征

(1) 单击图标按钮 ⊙ 旋转 即可打开【旋转特征】操控板，如图 5-17 所示。

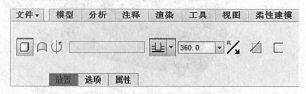

图 5-17　【旋转特征】操控板

(2) 在操控板中单击【旋转为实体】图标按钮□(若单击【旋转为曲面】图标按钮📖，则可创建曲面特征)。

(3) 单击【放置】按钮，弹出其下拉菜单；单击【定义】按钮，弹出【草绘】对话框。

(4) 选择 FRONT 平面为草绘平面，RIGHT 平面为参考平面，单击【草绘】按钮即可进入草绘模式，单击图标按钮🔁即可定向草绘平面使其与屏幕平行。

(5) 草绘二维特征截面并修改草绘尺寸值，如图 5-18 所示；待生成草绘截面后，单击图标按钮✔回到零件模式，如图 5-19 所示。

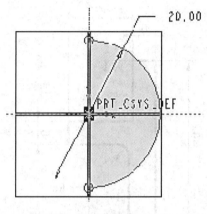
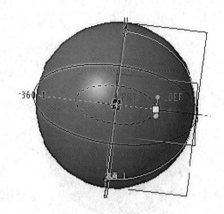

图 5-18　二维草绘截面　　　　　　　　图 5-19　创建旋转特征

(6) 在【旋转】操控板中，以自草绘平面指定的角度值旋转，选择"旋转角度值"为 360°，如图 5-20 所示，单击图标按钮✔。

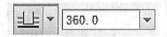

图 5-20　输入旋转角度

3. 去除材料模式

利用【旋转】命令可以创建移除材料旋转特征。

(1)～(6)步骤同 5.2 中的 2.的内容。

(7) 选择 FRONT 平面为草绘平面，进入草绘模式，草绘二维特征截面并修改草绘尺寸值，如图 5-21 所示。

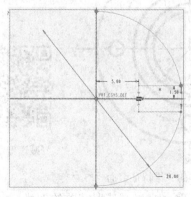
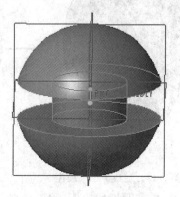

图 5-21　二维特征截面(4)　　　　　　　图 5-22　三维实体模型

(8) 输入旋转角度后，单击图标按钮 ◿ 移除材料，然后再单击图标按钮 ✔ 即可得到三维实体模型，如图 5-22 所示。

4. 旋转特征实例—减速器端盖

减速器端盖如图 5-23 所示。

(1) 选择 FRONT 为基准平面，单击【旋转】图标按钮，绘制如图 5-24 所示的二维特征截面，然后单击图标按钮 ✔。

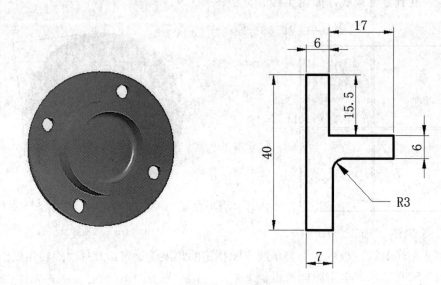

图 5-23 减速器端盖   图 5-24 二维特征截面(5)

(2) 输入旋转角度为 360°，单击图标按钮 ✔ 完成旋转 1 特征模型，如图 5-25 所示。

(3) 选择端盖外表面作为草绘平面，单击【拉伸】图标按钮进入草绘模式，绘制如图 5-26 所示的二维特征截面，然后单击图标按钮 ✔ 退出草绘模式。

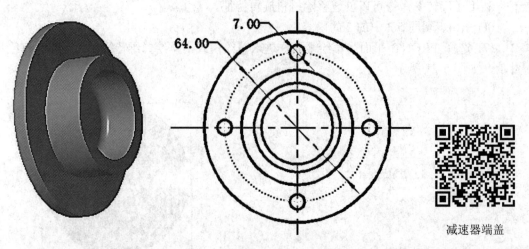

减速器端盖

图 5-25 旋转 1 三维模型   图 5-26 拉伸的二维特征截面

(4) 单击图标按钮 ◿ 移除材料，再单击图标按钮 ✔ 完成减速器端盖的创建。

5.3　扫　描　特　征

通过前面的学习会发现，由于截面与扫描轨迹垂直，所以在造型方面受到很多限制。对此，PRO/ENGINEER 提供了更加灵活的扫描特征，即将绘制好的剖面沿着一条扫描轨迹线移动，直到穿越整个轨迹线，从而得到特征。从扫描特征的定义可知，扫描特征的截面与轨迹线决定其最终形状。

扫描特征的应用比较灵活，能够产生形状复杂的零件。按复杂性来分，扫描特征分为基本扫描特征和高级的螺旋扫描特征。基本的扫描特征是按照平面上的曲线进行扫描的；螺旋特征可以生成弹簧、螺纹等空间扫描实体。

1. 扫描特征的图标按钮

扫描特征的图标按钮介绍如下：

(1) ▢：创建实体扫描特征。

(2) ◠：创建曲面扫描特征。

(3) ✐：打开【草绘器】创建或编辑扫描截面。

(4) ◿：创建移除材料扫描特征。

(5) ▢：创建薄壳扫描特征。

(6) ⊢：沿扫描进行草绘时截面保持不变。

(7) ∠：创建可变截面扫描。

注意：

(1) 轨迹线不能自交。

(2) 相对于扫描界面的大小，扫描轨迹线中的弧或样条曲线的半径不能太小，否则扫描会失败。

2. 扫描特征的创建

扫描特征是指将绘制好的截面沿着轨迹线扫出来的特征，因此如何绘制好剖面和轨迹线对于扫描特征非常重要。通常在绘制扫描剖面之前，需要绘制一条曲线作为扫描剖面移动的轨迹线，该轨迹线决定剖面的走向，从而控制产生特征的整体外形。

调用命令的方式如下：

(1) 单击图标按钮◠扫描，打开【扫描】特征操控板，如图 5-27 所示。

图 5-27　【扫描】特征操控板

(2) 单击【扫描为实体】图标按钮▢，再单击【恒定截面扫描】图标按钮⊢(均为默认值)。

(3) 单击【扫描】特征操控板右端的基准下拉式按钮的图标按钮﹀，选择 FRONT 基准平面为草绘平面，参考平面方向为向右，绘制如图 5-28 所示的扫描轨迹，然后单击图标按

钮 ✔ 回到零件模式。(这里可以绘制扫描轨迹，也可以选取已有的草绘曲线作为扫描轨迹。)

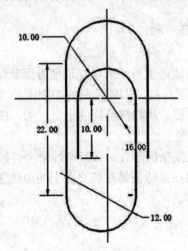

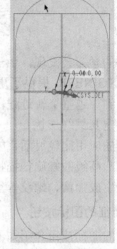

图 5-28　扫描轨迹草绘图　　　　　　　图 5-29　扫描轨迹

(4) 单击图标按钮 ▶，系统自动选取上一步绘制的曲线，如图 5-29 所示。

(5) 单击【扫描】特征操控板上的图标按钮 📝 进入草绘模式，绘制截面草图，如图 5-30 所示。

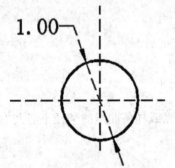

回形针

图 5-30　横截面二维特征　　　图 5-31　回形针三维模型

(6) 单击图标按钮 ✔ 完成扫描特征的创建，如图 5-31 所示。

5.4　混　合　特　征

前面所学的扫描特征是截面沿着轨迹扫描而成的，截面形状维持不变。那么，如果扫描过程中的截面形状发生变化怎么办？为此，专门提供了混合特征命令来解决这个难题。混合特征是将位于不同平面上的截面(每个平面必须拥有相同的图元素个数)按照指定的规则及其形成机理拟合而成的特征。

1. 混合特征的图标按钮

混合特征的图标按钮介绍如下：

(1) ☐：创建薄壳混合特征。

(2) ◢：创建移除材料混合特征。

(3) ☑：打开【草绘器】草绘或编辑混合截面。

(4) ∿：选定截面来创建混合特征。

(5) ◻：创建混合曲面特征。

2. 混合特征分类

按照混合方式的不同，混合特征可以分为平行混合、旋转混合和一般混合三种类型。

(1) 平行混合：混合平面之间相互平行，且在同一窗口绘制，通过定义截面之间的距离形成混合特征。平行截面之间的混合与拉伸有些相似，都是截面沿着垂直于草绘平面的方向运动而形成的特征，只不过拉伸是单截面运动，而混合是多截面运动。平行截面的混合可以看作是变截面的拉伸。

(2) 旋转混合：各截面之间旋转一定的角度形成的特征，角度最大可达到 120°；每个截面都单独草绘，并用截面坐标系对齐。旋转截面之间的混合与旋转特征有些类似，都是截面通过旋转而形成的特征，只不过旋转特征是单截面旋转，而混合特征是多截面旋转。旋转截面的混合可以看作是变截面旋转。另外，旋转特征是截面围绕草绘的轴线旋转，而旋转混合特征是截面围绕草绘坐标系的 Y 轴旋转。

(3) 一般混合：各截面之间在三维空间中设置成一定角度，由平行混合与旋转混合组合而成。一般混合特征的草绘截面可以分别围绕草绘坐标系的 X、Y、Z 轴旋转，其旋转角度的大小为–120°～+120°，默认值为 0°，截面之间沿着 Z 轴可拥有一定的线性距离。此类型的混合特征最为灵活，可用于创建复杂的零件模型。

3. 混合特征的创建

(1) 单击【模型】选项卡【形状】面板中的混合图标按钮 ☞，打开【混合】特征操控板，如图 5-32 所示。

图 5-32　【混合】特征操控板

(2) 单击【混合为实体】图标按钮 ◻。

(3) 单击【选项】选项卡，弹出【选项】下滑面板(如图 5-33 所示)，选择"直"单选按钮。

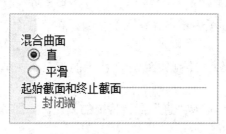

图 5-33　【选项】下滑面板

(4) 单击【截面】选项卡，弹出【截面】下滑面板(如图 5-34 所示)，选择"草绘截面"单选按钮。

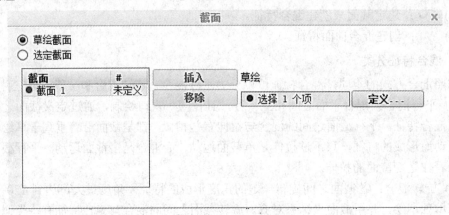

图 5-34   【截面】下滑面板

(5) 单击【定义】按钮，在弹出的【草绘】对话框中选择 TOP 基准平面为草绘平面，选择 RIGHT 基准平面为参考平面，参考方向为右，进入草绘模式。

(6) 绘制如图 5-35 所示的第一个二维截面，然后单击图标按钮✅ 回到零件模式。

(7) 在【截面】下滑面板中的"截面 1"文本框中输入偏移距离为 150 mm。

(8) 单击【草绘】按钮，绘制如图 5-36 所示的第二个二维截面，然后单击图标按钮✅ 回到零件模式。

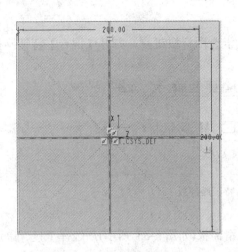
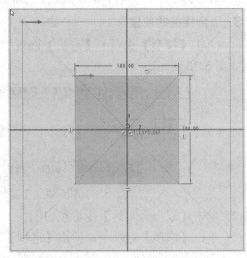

图 5-35   第一个二维截面   图 5-36   第二个二维截面

(9) 在【截面】下滑面板中单击【插入】按钮，在"截面 2"文本框中输入偏移距离为 150 mm。

(10) 单击【草绘】按钮，绘制如图 5-37 所示的第三个二维截面，然后单击图标按钮✅ 回到零件模式。

(11) 单击图标按钮✅ 完成"直"混合特征的创建，如图 5-38 所示。图 5-39 显示了选择为"平滑"时的混合特征。

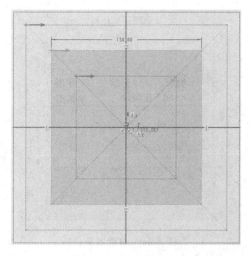

图 5-37　第三个二维截面

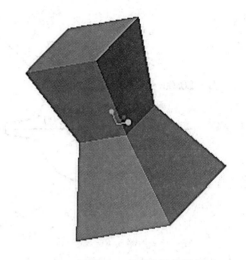

图 5-38　"直"混合特征

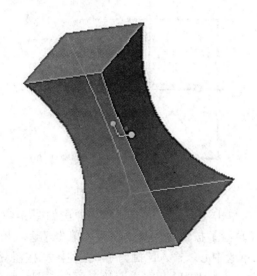

图 5-39　"平滑"混合特征

4. 混合特征的实例——铣刀

铣刀的操作步骤如下：

(1) 单击【草绘】按钮，以 FRONT 平面为草绘截面，绘制如图 5-40 所示的草绘图形，将其保存至工作目录。

(2) 单击【形状】下拉菜单，再单击【混合】按钮，进入创建混合特征界面。

(3) 截面 1 的创建。单击【截面】下拉菜单，再单击【定义】按钮，以 FRONT 平面为草绘截面，并单击【草绘】按钮进入草绘模式；单击调色板图标按钮，弹出如图 5-41 所示的界面。选择(1)中已经画好的草绘截面，按住鼠标左键不松将其拖入草绘中心(如图 5-42 所示)，输入比例为 1，单击图标按钮✔完成截面的调整，再单击图标按钮✔完成截面 1 的创建。

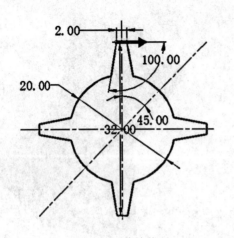

图 5-40　草绘截面   图 5-41　草绘器调色板

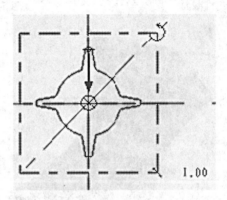

图 5-42　截面 1 的创建

　　(4) 截面 2 的创建。单击【截面】下拉菜单，弹出如图 5-43 所示的界面，输入"偏移量"为 15，再单击【草绘】按钮进入草绘模式。单击【选项板】按钮，选择(1)中画好的草绘截面并将其拖入草绘中心，输入比例为 1，按住图标按钮 将其旋转 45°，得到如图 5-44 所示的截面，单击图标按钮 完成调整，再单击图标按钮 完成草绘截面 2 的创建。

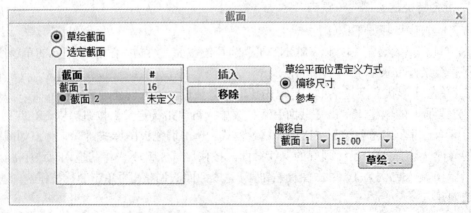

图 5-43　【截面】的下拉菜单

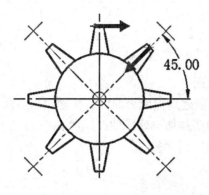

图 5-44　旋转 45°后的截面　　　　　　图 5-45　混合特征的三维模型

(5) 截面 3 的创建。单击【截面】下拉菜单，再单击【插入】按钮创建截面 3，输入"偏移量"为 15 mm，单击【草绘】按钮进入草绘模式。单击【选项板】按钮，选择(1)中画好的草绘截面，将其拖入草绘中心，输入比例为 1，将其旋转 90°，单击图标按钮 ✓ 完成调整，再单击图标按钮 ✓ 完成截面 3 的创建。

(6) 截面 4 的创建。步骤同(4)、(5)(将其旋转为 135°)。

(7) 截面 5 的创建。步骤同(4)、(5)(将其旋转为 180°)。

(8) 单击图标按钮 ✓ 完成混合特征的创建，如图 5-45 所示。

(9) 选择铣刀任意一侧断面为草绘截面进行拉伸特征的创建。绘制如图 5-46 所示的草绘截面，单击图标按钮 ✓，输入拉伸长度为 50 mm，再单击 ✓ 按钮完成铣刀的创建。铣刀的三维模型如图 5-47 所示。

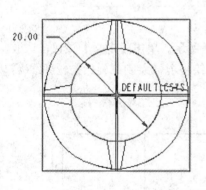

铣刀

图 5-46　二维草绘截面　　　　　图 5-47　铣刀的三维模型

5.5　螺旋扫描特征

螺旋扫描特征的扫描轨迹始终位于一个平面上，而在实际工作中，却经常遇到弹簧、螺纹等空间曲线扫描模型。Pro/ENGINEER 为此专门提供了螺纹扫描命令来创建这些特征。螺纹扫描特征是指将设定的截面沿着螺旋轨迹扫描而创建的特征。

螺旋轨迹由旋转曲面的轮廓(定义螺旋特征的截面原点到其旋转轴的距离)与螺距来定义，特征的建立还需要旋转轴的截面。轮廓不能是封闭的曲线，螺距可以是恒定的，也可以是可变化的。

1. 螺旋扫描的图标按钮

螺旋扫描的图标按钮介绍如下：

(1) ✎：打开草绘器以创建或编辑扫描横截面。

(2) ◿：沿扫描移除材料，以便为实体特征创建切口或为曲面特征创建面组修剪。

(3) ▢：为草绘添加厚度以创建薄实体、薄实体切口或薄曲面修剪。

(4) ⚙：设置螺距值。

(5) ⓒ：使用左手定则设置扫描方向。

(6) ⊃：使用右手定则设置扫描方向。

(7) ‖：暂停模式。

(8) ✕：取消特征创建或重新定义。

2. 螺旋扫描特征的创建

(1) 单击【扫描】下拉菜单，再单击【螺旋扫描】按钮 ⚙，系统进入螺旋扫描操作界面，如图 5-48 所示。

图 5-48　螺旋扫描操作界面

(2) 单击【参考】选项卡，弹出下滑面板，如图 5-49 所示。单击【定义】按钮，选取 FRONT 基准面为草绘平面，再单击【草绘】按钮进入草绘环境，绘制螺旋扫描轮廓线(需画旋转中心线)，如图 5-50 所示。

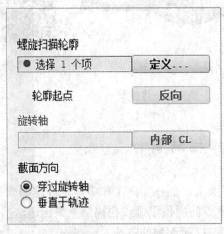

图 5-49　【参考】选项卡

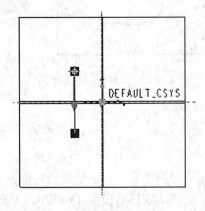

图 5-50　螺旋扫描轮廓线

(3) 单击图标按钮 ✓ 退出草绘环境。

(4) 单击图标按钮 进入绘制螺旋扫描横截面草绘环境，绘制如图 5-51 所示的横截面，然后单击图标按钮 退出草绘环境。

(5) 输入螺距值为 20 mm(螺旋线之间的距离必须大于扫描截面的最大高度尺寸)。

(6) 单击图标按钮 完成螺旋扫描特征的创建，如图 5-52 所示。

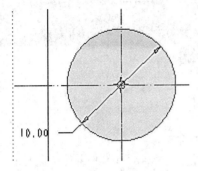

图 5-51　螺旋扫描横截面

图 5-52　螺旋扫描特征

3. 螺旋扫描的实例——创建蜗杆

(1) 单击【旋转】特征命令按钮，建立旋转特征；选取 FRONT 基准平面为草绘平面，以 RIGHT 基准平面为"右"方向参考，其草绘截面如图 5-53 所示；旋转角度为 360°，完成的模型如图 5-54 所示。

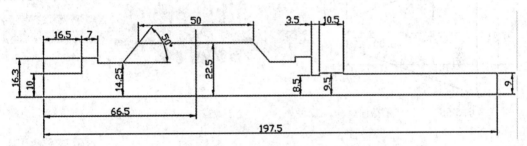

图 5-53　草绘截面

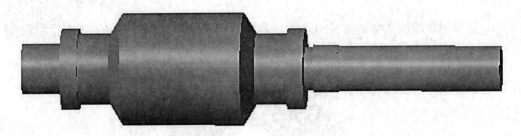

图 5-54　旋转特征

(2) 建立螺旋扫描特征。单击【扫描】下拉菜单，再单击【螺旋扫描】按钮，进入螺旋扫描操作界面。

(3) 单击【移除材料】按钮 ，再单击【左旋】按钮 ，然后单击【参考】弹出下拉菜单，接着单击【定义】按钮；选择 FRONT 平面作为草绘平面，在【方向】浮动菜单中选择"正向"，在【草绘视图】浮动菜单中选择"默认"，进入草绘模式。

(4) 绘制扫引轨迹。绘制如图 5-55 所示的扫引轨迹线，单击图标按钮 ✔ 继续建立旋转扫描特征。

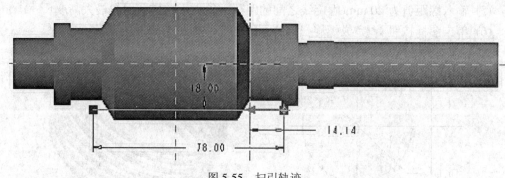

图 5-55　扫引轨迹

(5) 回到螺旋扫描界面后，输入所需的螺距值为 9.42487 mm，再单击图标按钮 ☑，进入草绘界面。在两条定位虚线处绘制截面。

(6) 绘制如图 5-56 所示的梯形截面，完成截面后单击图标按钮 ✔，从而完成螺旋扫描特征的创建，如图 5-57 所示。

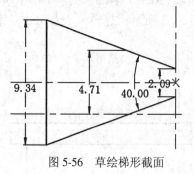

图 5-56　草绘梯形截面

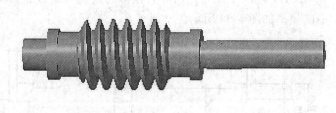

图 5-57　螺旋扫描特征

习　题

1. 请采用拉伸特征绘制图 5-58 所示的六角开槽螺母。

蜗杆

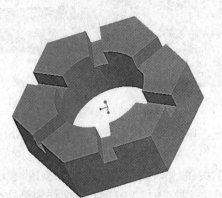

图 5-58　六角开槽螺母

2. 请采用拉伸、旋转、螺旋扫描等特征绘制图 5-59 所示的螺母。

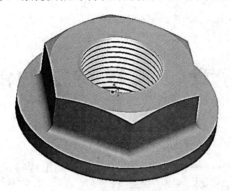

图 5-59　螺母

3. 请采用拉伸、混合、螺旋扫描等特征绘制图 5-60 所示的洗发水瓶。

图 5-60　洗发水瓶

第 6 章　工程特征的创建

工程特征是工程实践中一种重要的三维实体特征。工程特征是在一个已有的特征基础上对其进行材料移除的特征命令。

本章具体讲了 7 种工程特征命令的创建，分别为孔特征、圆角特征、自动倒圆角特征、倒角特征、抽壳特征、拔模特征和筋特征。

6.1　孔特征的创建

在工程设计中，孔特征占所有表面特征的一半左右，是一种非常重要的零件特征，也是 Creo 3.0 学习必须熟练掌握的一种特征建立方法。

1. 孔特征的创建

找到孔特征图标按钮 ![icon]，可以利用【孔】命令创建简单孔特征。具体操作如下：

(1) 单击【拉伸】命令按钮，以 TOP 基准平面为草绘平面，绘制一个边长为 100 mm 的正方形，如图 6-1 所示；设置拉伸深度为 100 mm，创建一个正方体，如图 6-2 所示。

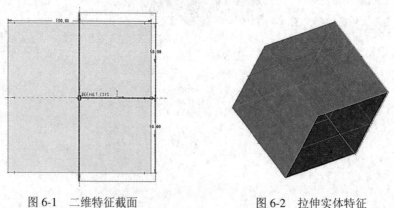

图 6-1　二维特征截面　　　　　　　　　图 6-2　拉伸实体特征

(2) 选中孔特征图标按钮 ![icon]，打开【孔】特征控制面板，如图 6-3 所示。

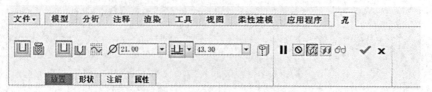

图 6-3　【孔】特征操控板

(3) 在控制面板中选中【创建简单孔】按钮 ⊔ (此为默认设置)。

(4) 点击【放置】命令，弹出如图 6-4 所示的下滑面板，单击【放置】收集器，选择正方体的任意一个侧面作为孔的放置平面，模型显示如图 6-5 所示。

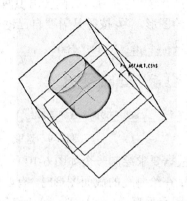

图 6-4　下滑面板　　　　　　　　　　图 6-5　选择孔的放置平面

(5) 定位孔的位置。先将孔的定位方式设置为"线性"，然后选中【偏移参考】命令按钮，设置偏移方向和长度后确定即可，如图 6-6 所示。

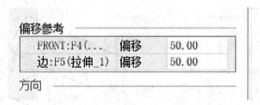

图 6-6　修改孔的定位尺寸

注意：修改孔的定位尺寸也可以直接在孔上面双击尺寸数据。

(6) 改变孔的形状，以达到所需的目标。选中【形状】命令，出现【形状】下滑面板，再选中"盲孔"方式以指定钻孔的深度值，输入"深度值"为 50 mm "直径值"为 50 mm(如图 6-7 所示)，完成后单击图标按钮 ✓。完成简单孔特征的创建，如图 6-8 所示。

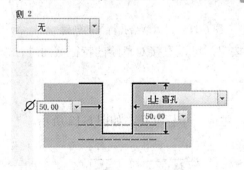

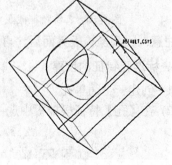

图 6-7　【形状】下滑面板　　　　　　　图 6-8　完成简单孔特征的创建

2. 草绘孔特征的创建

可以使用【孔】命令创建草绘孔特征。

操作步骤如下：

(1) 创建一个简单的孔特征，如步骤 1.。

(2) 在【孔】特征操控板单击 ▨ 选项，选中"使用草绘定义钻孔轮廓"(如图 6-9 所示)，再选中 ▨ 图标按钮，开始草绘。

注意：在选中 ▨ 后，右侧会出现两个可以选中的命令按钮， 📂 按钮是在文件中打开现有的草绘图形， ▨ 按钮是需要自己进行绘制。

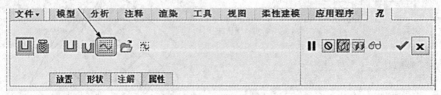

图 6-9　选取"使用草绘定义钻孔轮廓"

(3) 根据要求绘制一个如图 6-10 所示的图形。

注意：在绘制孔的截面图形时，有四个要求必须满足：① 必须要有一个中心轴；② 至少有一个图元垂直于旋转中心；③ 所有的图元必须位于中心轴的一侧；④ 图形必须封闭。如不满足以上要求，则无法完成截面的绘制。

(4) 选中图标按钮 ✔ 完成草绘孔特征的创建，如图 6-11 所示。

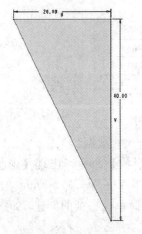

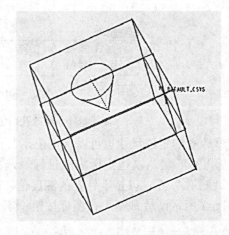

图 6-10　二维特征截面　　　　　　　图 6-11　完成草绘孔特征的创建

注意：回到操控板界面后，再次选中 ▨ 按钮，可以直接对草绘的特征截面进行修改。

3. 标准孔特征的创建

(1) 创建一个简单孔。

(2) 在【孔】特征操控板中选中 ▨ 按钮，生成一个标准孔，如图 6-12 所示。

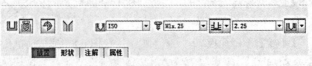

图 6-12　创建标准孔

(3) 加入【攻丝】 ⚙ 命令，生成具有螺纹特征的标准孔。标准孔的螺纹类型为 ISO，输入螺钉尺寸为 M30×2，钻孔深度的类型为"盲孔"(此为默认设置)，选中 ▨ 按钮，输入钻孔"深度值"为 100 mm。

(4) 在【形状】下滑面板中依次输入螺纹的"深度值"为 60，钻孔顶角的"角度值"为 120，如图 6-13 所示。

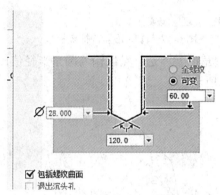

图 6-13　"形状"下滑面板

(5) 单击【孔】特征操控板中的 ![按钮] 按钮选项(如图 6-14 所示)，并添加"沉头孔"，输入如图 6-15 所示的数值后，单击 ✔ 按钮。最终的标准孔如图 6-16 所示。

图 6-14　孔的类型

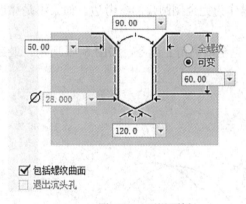

图 6-15　下滑面板

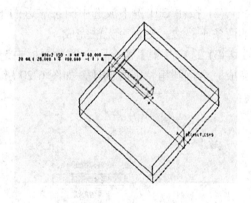

图 6-16　标准孔的创建

6.2　圆角特征的创建

在现代零件设计中，圆角是重要的结构之一。倒圆角特征是指在零件的边角棱线上建立平滑过渡曲面的特征。使用圆角代替棱边可以使模型表面更加光滑，既可以增加美感，又可以提高产品的实用性。

1. 恒定倒圆角特征的创建

(1) 利用【拉伸】特征命令按钮，绘制一个边长为 100 mm 的正方体。

(2) 选中倒圆角命令 ，出现【圆角】特征操控板，如图 6-17 所示。

图 6-17   【圆角】特征操控板

(3) 任取一条边作为倒圆角的参考边，然后输入圆角半径值，单击 ✔ 按钮完成恒定倒圆角特征的创建，如图 6-18 所示。

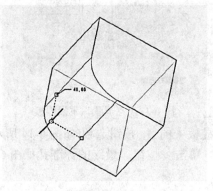

图 6-18   完成恒定倒圆角特征的创建

2. 完全倒圆角特征的创建

(1) 拉伸创建一个正方体。

(2) 按住 Ctrl 键不放选中两条靠近的平行线作为完全倒圆角的参考边。如果不是靠近的两条平行边，则命令无法完成。

(3) 选中【集】命令，在下滑面板中选中【完全倒圆角】命令，如图 6-19 所示。最后完成完全倒圆角特征的创建，如图 6-20 所示。

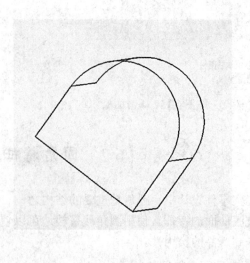

图 6-19   下滑面板   图 6-20   完成完全倒圆角特征的创建

3. 可变倒圆角特征的创建

(1) 拉伸创建一个正方体。

(2) 选取一条边或者多条，但是可变倒圆角一般用于一条边，不用于多条边的使用。

(3) 在正方体选中边上按住鼠标右键，会出现添加半径的选项，单击添加一个新的半径；或者在【集】的下滑面板中选择"添加半径"。最后完成可变倒圆角特征的创建，如图 6-21 所示。

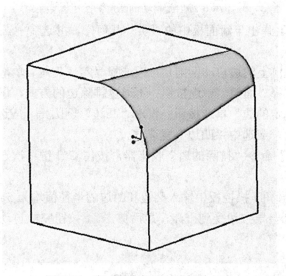

图 6-21 完成可变倒圆角特征的创建

6.3 自动倒圆角特征的创建

自动倒圆角的意思是系统自动选中除去被选中边线之外的其他边线形成倒圆角。

(1) 通过单击【拉伸】命令按钮创建一个边长为 100 mm 的正方体，再以正方体的上表面为草绘平面，绘制一个边长为 50 mm 的正方体去除材料拉伸特征，如图 6-22 所示。

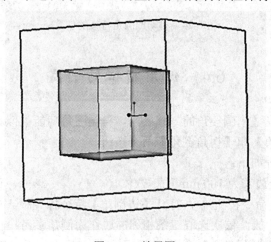

图 6-22 效果图

(2) 选中【自动倒圆角】命令按钮 ，出现【自动倒圆角】操控板，如图 6-23 所示。

图 6-23　【自动倒圆角】操控板

(3) 选中【范围】弹出下滑面板中的"实体几何"，并选中"凸边"和"凹边"复选框(此均为默认值)。

注意：对实体几何上的边自动倒圆角，应选择"实体几何"单选按钮；对曲面组上的边自动倒圆角，应选择"面组"单选按钮；不通过排除边的方式，仅对选取的边或者边链倒圆角，应选择"选定的边"单选按钮；仅对"凸边"倒圆角，应选中"凸边"复选框；仅对"凹边"倒圆角，应选中"凹边"复选框。

(4) 选中【排除】命令"排除的边"收集器，按住 Ctrl 键依次选中上表面的四条边作为不变边。

(5) 在【自动倒圆角】操控板中输入凸边和凹边的半径值均为 5 mm，注意两个半径的值不可以过大，否则会导致边受到干涉，最后单击 ✓ 按钮完成自动倒圆角特征的创建，如图 6-24 所示。

图 6-24　自动倒圆角特征的创建

6.4　倒角特征的创建

倒角是用来处理模型周围棱角的方式之一，与倒圆角功能类似。在倒角特征下拉菜单中，可以看到【边倒角】和【拐角倒角】两个按钮。

边倒角的创建过程如下：

(1) 拉伸创建一个边长为 100 mm 的正方体。

(2) 选中【倒角】命令按钮 ，打开【边倒角】特征操控板。

(3) 按住 Ctrl 键不放，依次选取三条相邻的边作为倒角参考；在操控板中指定倒角类型为 D × D，输入倒角值为 10，如图 6-25 所示。

图 6-25　【边倒角】特征操控板

　　(4) 单击操控板中的 ㄞ 按钮，将边转换为过渡模式；选中相交区域，将过渡类型转换为拐角平面(如图 6-26 所示)，最后单击 ✓ 按钮完成边倒角特征的创建，如图 6-27 所示。

图 6-26　过渡模式选择面板

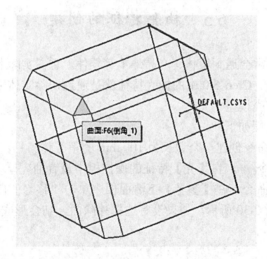

图 6-27　完成边倒角特征的创建

拐角倒角特征的创建过程如下：

(1) 利用【拉伸】命令创建一个边长为 100 mm 的正方体。

(2) 选中【拐角倒角】命令 ◁，出现【拐角倒角】特征操控板，如图 6-28 所示。

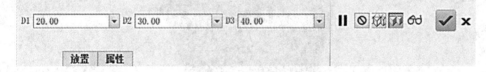

图 6-28　【拐角倒角】特征操控板

(3) 任意选择一个正方体的顶点。

(4) 输入数据，完成拐角倒角特征的创建。如图 6-29 所示。

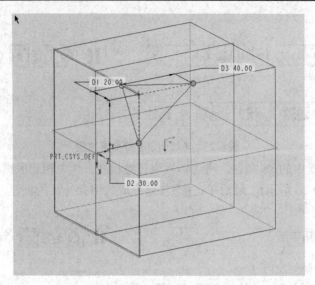

图 6-29　完成拐角倒角特征的创建

6.5　抽壳特征的创建

在工程实践中，经常会遇到箱体、产品外罩等零件，它们实际上都是通过在实体中切除一部分内容后形成的。Creo 3.0 中的抽壳特征就是通过切除实体模型内部的材料，使其形成空心形状而形成的壳模型。

抽壳特征的创建过程如下：

(1) 利用【拉伸】命令创建一个边长为 100 mm 的正方体。

(2) 选中【壳】命令 ，在【壳】特征的操控板中设置抽壳厚度为 10 mm。

(3) 选中【参考】命令，在【参考】下滑面板中单击 "移除的曲面" 收集器，选中上表面。移除面效果如图 6-30 所示。如果没有选择移除面，则会形成一个中间空的封闭壳，但是没有入口。

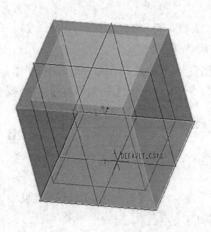

图 6-30　完成抽壳特征的创建

如果需要创建不同厚度的抽壳面特征，则在【参考】下滑面板中点击"非默认厚度"区域以激活选择工具，选取需要创建不同厚度的抽壳面，并修改该面的厚度值。

6.6　拔模特征的创建

在金属铸造件、锻造件及塑料拉伸件中，为了便于加工脱模，在设计模型时，要留有一定的拔模角度(拔模角度一般在−30°～30°之间)。可以对单一平面、圆柱面或者曲面创建拔模角度。当曲面边的边界周围有倒角时不能拔模，此时可以先拔模，再设置倒角。拔模特征的具体创建过程如下：

(1) 拉伸创建一个边长为 100 mm 的正方体。

(2) 选中【拔模】命令，打开操控板，如图 6-31 所示。

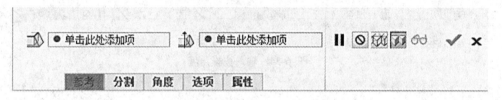

图 6-31　【拔模】特征操控板

(3) 选中【参考】命令，单击下滑面板中的"拔模曲面"收集器，选取正方体的上表面作为拔模表面。

(4) 激活"拔模枢轴"收集器，选取正方体的任意一个侧面作为拔模枢轴。

(5) 在操控板中输入拔模角度值为 30°，如图 6-32 所示。

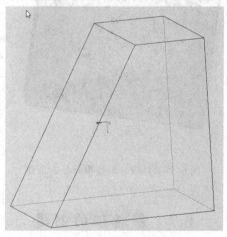

图 6-32　拔模特征的创建

除上述基本拔模特征外，还可以创建分割拔模特征。具体操作如下：

(1) 创建一个拔模角度为 30°的模型。

(2) 选中【参考】命令，激活"拔模枢轴"收集器，选择一个平面。该平面与拔模平面相互垂直，作为拔模枢轴。

(3) 选中【分割】命令，选择"根据拔模枢轴分割"，如图 6-33 所示。

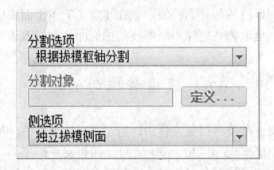

图 6-33　根据拔模枢轴分割

(4) 在【拔模枢轴】操控面板中，输入拔模的角度值分别为 30°、15°，如图 6-34 所示。最后完成分割拔模特征的创建，如图 6-35 所示。

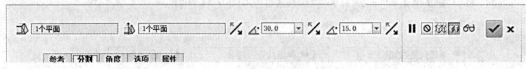

图 6-34　输入拔模角度

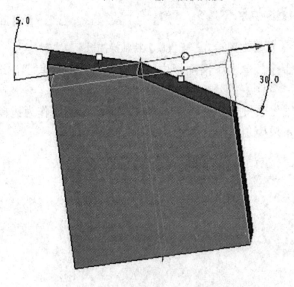

图 6-35　完成分割拔模特征的创建

6.7　筋特征的创建

在工程实践中，经常会遇到元件强度不够的问题，这时就需要添加加强筋。

一般来说，加强筋都是对称使用的。筋特征是连接到实体曲面的薄翼或者腹板伸出项。具体操作如下：

(1) 利用【拉伸】命令创建一个 $100 \times 100 \times 20$ mm 的长方体，再以长方体的上表面为基准面拉伸形成一个直径为 50 mm、高为 50 mm 的圆柱体，如图 6-36 所示。

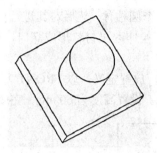

图 6-36　拉伸命令

(2) 选中【轮廓筋】命令 ，打开【轮廓筋】操控板。

(3) 选中【参考】下滑面板中的【定义】命令，选择 FRONT 基准平面作为草绘平面。

(4) 绘制如图 6-37 所示的截面直线，绘制时注意不用封闭，只需要一根直线即可。

(5) 在【轮廓筋】操控板中输入筋的厚度值为 10 mm，最后单击 按钮完成筋特征的创建，如图 6-38 所示。

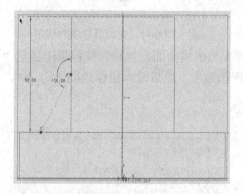

图 6-37　绘制截面直线　　　　　　　图 6-38　完成筋特征的创建

除【轮廓筋】命令外，系统还提供【轨迹筋】命令 。其区别在于：【轮廓筋】命令创建的筋是在草绘截面内部填充，而【轨迹筋】命令创建的筋在垂直于草绘截面的方向填充。其余操作过程类似，此处不再赘述。

6.8　烟灰缸建模

烟灰缸的创建如图 6-39 所示。

烟灰缸

图 6-39　烟灰缸

思路分析：首先拉伸创建一个圆柱体，然后对其进行拔模，完成后打孔形成缸的内部，再通过倒角命令美化缸的周围，拉伸取出材料形成豁口，最后抽壳取出底部多余材料。

操作步骤如下：

(1) 选中【拉伸】命令按钮，放置定义，以 FRONT 基准面为草绘平面，绘制一个直径为 200 mm 的圆，如图 6-40 所示。设置高度为 60 mm，完成圆柱体的创建，如图 6-41 所示。

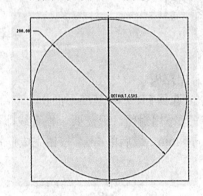

图 6-40　直径为 200 mm 的圆

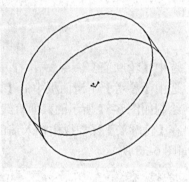

图 6-41　完成圆柱体的创建

(2) 使用【拔模】命令，选取圆柱体的侧面为拔模曲面，然后在操控板中激活"拔模枢轴"收集器，选中圆柱体的上表面为拔模枢轴参考，然后输入拔模角度值为 10°，完成拔模。拔模特征的创建如图 6-42 所示。

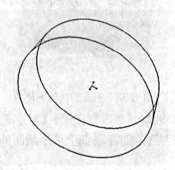

图 6-42　拔模特征的创建

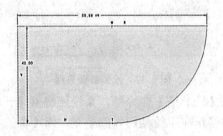

图 6-43　孔的二维特征截面

(3) 选中【孔】命令按钮，选择拔模特征的上表面和中心轴为放置参考，然后在孔的操控板中草绘定义孔的轮廓(如图 6-43 所示)，最后完成孔特征的创建，如图 6-44 所示。

图 6-44　孔特征的创建

（4）使用【倒圆角】命令，选取烟灰缸上表面的两个圆形边为倒圆角对象，确定倒圆角半径值为 5 mm，单击 ✓ 按钮完成倒圆角特征的创建，如图 6-45 所示。

图 6-45　倒圆角特征的创建

（5）以 RIGHT 平面为基准平面，选中【拉伸】命令按钮，在如图 6-46 所示的位置上绘制一个直径为 25 mm 的圆，然后使用【切除材料】命令，两边拉伸。重复该步骤或者使用阵列直接完成拉伸切除材料的创建，如图 6-47 所示。

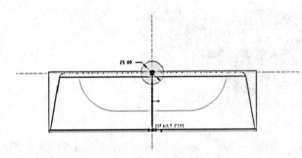

图 6-46　拉伸命令草绘平面

图 6-47　拉伸切除材料的创建

（6）选中刚才拉伸切除材料的半圆的边为参考对象，确定倒圆角半径为 5 mm，完成倒圆角特征的创建，如图 6-48 所示。

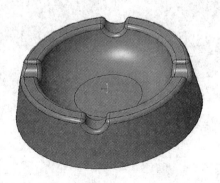

图 6-48　倒圆角特征的创建

（7）使用抽壳命令按钮，选取烟灰缸的底部为移除对象，并输入厚度值为 5 mm，完成底部抽壳的创建，如图 6-49 所示。

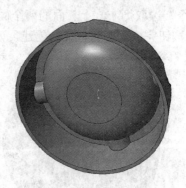

图 6-49　底部抽壳的创建

习　　题

1. 请采用拉伸、旋转以及工程特征倒角来绘制图 6-50 所示的轴。

图 6-50　轴

2. 请采用拉伸以及工程特征倒圆角、抽壳、拔模、加强筋等来绘制图 6-51 所示的壳体。

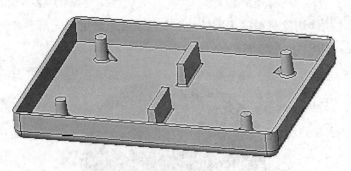

图 6-51　壳体

第 7 章　特征的操作与编辑

用户在很多建模过程中会遇到模型具有相同的特征，如果每一个建模步骤都重复一遍，就很繁琐。这时，可利用特征的相关操作和编辑进行复制、镜像、阵列等，并用 Creo 3.0 中"层"工具对不同的对象和特征进行有效的管理，也可使用相关特征的操作对已建立的特征或者特征之间的关系进行重新构建，有利于模型的显示和编辑，很大程度上提高了工作效率。

在 Creo 3.0 系统中，用鼠标右键单击模型树中需要修改的特征，弹出【编辑操作】菜单(如图 7-1 所示)，其中包括"尺寸修改""隐含""删除"等 13 个编辑命令。"编辑特征"位置及其具体编辑命令如图 7-1 所示。

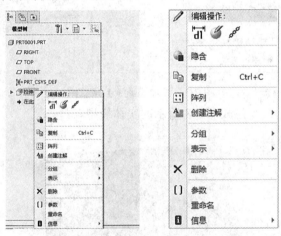

图 7-1　【编辑操作】菜单

7.1　相同参考复制特征

【相同参考】是利用与原来特征相同的、并且只能在同一平面生成的新的特征，对原来特征的尺寸进行修改。

具体操作步骤如下：

(1) 打开 PTC Creo Parametric 3.0 M020，新建并进入一个【零件】设计环境，使用公制模板。

(2) 点击【文件】中【选项】命令，按照图 7-2 中方框所示进行设置，添加【继承】命令到快速访问工具栏中。

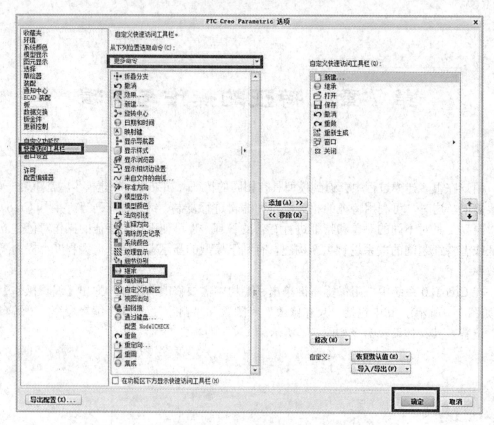

图 7-2　添加【继承】示意图

(3) 使用【拉伸】命令生成图 7-3 所示的实体模型。

图 7-3　实体模型

(4) 点击快速访问工具栏【继承】中的【特征】命令，在弹出的菜单中选择【复制】命令。

(5) 在弹出的【复制特征】菜单栏中依次单击【相同参考】→【选择】→【独立】→【完成】。

(6) 弹出【选择】对话框后，在模型中选取要进行相同参考复制的圆柱体拉伸特征，然后单击【完成】命令。此时，弹出【组元素】对话框和【组可变尺寸】菜单，分别如图7-4 和图 7-5 所示。

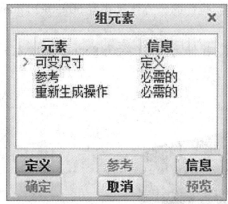
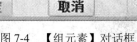

图 7-4　【组元素】对话框

图 7-5　【组可变尺寸】菜单

(7) 从【组可变尺寸】菜单中选取孔直径尺寸和孔在主参照上的放置坐标尺寸即选取Dim2、Dim3 和 Dim4，作为要改变值的尺寸，并单击【完成】按钮。

(8) 在屏幕上方的消息框内输入尺寸值依次为：Dim2 的值为 30 mm，Dim3 的值为30 mm，Dim4 的值为 50 mm，单击 ✓ 按钮。

(9) 单击【组元素】中的【确定】按钮，生成被复制的新特征，如图 7-6 所示。

图 7-6　相同参考复制特征

7.2　新参考复制特征

使用新参考复制方式，可以复制同一零件模型相同或不同版本模型的特征，也可复制不同零件模型的特征。在复制过程中，需要选定新特征的草绘平面(或放置平面)和参考平面，以放置复制出来的特征，还可以改变原特征的尺寸。

图 7-7 中的侧面是由上平面圆柱复制而来的，在复制过程中，不但改变了参考平面而且改变了圆柱特征的直径。下面以图 7-7 为例讲解新参考复制的操作过程。

(1) 打开 PTC Creo Parametric 3.0 M020，新建并进入一个【零件】设计环境，使用公制模板。

(2) 建立拉伸体(1)。单击工具栏中【拉伸】，拉伸的长方体尺寸为 50×30×20 mm，完成后的模型如图 7-8 所示。

(3) 建立拉伸体(2)。单击工具栏中【拉伸】，拉伸圆柱体直径为 8 mm，高度为 5 mm，完成后的模型如图 7-9 所示。

图 7-7   新参考复制特征

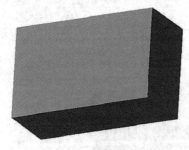

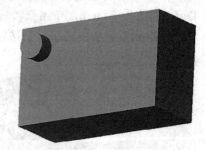

图 7-8   拉伸体(1)   图 7-9   拉伸体(2)

(4) 单击快速访问工具栏【继承】中的【特征】命令，在弹出的菜单中选择【复制】命令。

(5) 在弹出的【复制特征】菜单栏中依次单击【新参考】→【选择】→【独立】→【完成】。

(6) 弹出【选择】对话框后，在模型中选取要进行参考复制的圆柱体拉伸特征，然后单击【完成】按钮。系统弹出【组元素】对话框和【组可变尺寸】菜单。

(7) 在【组可变尺寸】菜单中选取圆柱的直径为 Dim2 尺寸，再在【组可变尺寸】菜单中单击【完成】按钮。

(8) 在消息提示框内输入修改的尺寸值，即输入 12 mm，单击☑按钮。

注意：完成上述操作后，系统会弹出如图 7-10 所示的【参考】菜单。此菜单有三项功能：替代、相同和参考信息。

● 替代：根据各复制的特征选取新的参照。

● 相同：指明使用原始的参照来复制特征。

● 参考信息：提供解释放置参照的信息。

(9) 这里选择【替代】，然后在零件模型上分别选取图 7-11 中的模型侧表面作为放置平面，并继续选择与其垂直的平面或基准平面作为新的参考面，最后再次选择一个与前两者相垂直的平面作为截面尺寸标注参考。

图 7-10　【参考】菜单　　　　图 7-11　选取参照　　　　图 7-12　【组放置】菜单

(10) 完成上述操作后，系统将弹出【组放置】菜单，如图 7-12 所示。此菜单有三项功能：重新定义、显示结果和信息。

● 重新定义：重新定义组元素。

● 显示结果：显示组的几何形状。

● 信息：显示组信息。

(11) 选择【显示结果】，预览复制的特征，再单击【完成】按钮完成特征的复制。结果如图 7-7 所示。

7.3　镜像复制特征

使用镜像复制特征可以对若干个选定的特征进行复制，常用于生成对称特征。例如，图 7-13 中上表面右边的拉伸圆柱体是由左边的圆柱体镜像复制出来的。在复制过程中，参考的平面不发生变化，圆柱的直径也不变。下面就以图 7-13 为例来讲解如何进行镜像复制特征。

(1) 打开 PTC Creo Parametric 3.0 M020，新建并进入一个【零件】设计环境，使用公制模板。

(2) 使用拉伸特征建立如图 7-13 所示的基本体。

(3) 单击快速访问工具栏中的【继承】→【特征】，在弹出的菜单栏中再单击【复制】命令。

(4) 在弹出的【复制特征】菜单栏中依次单击【镜像】→【选择】→【独立】→【完成】。

(5) 弹出【选择】对话框后，在模型中选取需要镜像复制的圆柱体拉伸特征，再单击【完成】按钮。

(6) 接着在工作区的模型上选择 RIGHT 平面作为镜像平面，显示结果如图 7-13 所示。

图 7-13　镜像复制特征

7.4　移动复制特征

使用移动复制特征方式，可以通过平移或者旋转的方式复制特征。图 7-14 中的上表面右边的拉伸圆柱体是由左边的圆柱体移动复制而来的。下面来讲解如何移动复制特征。

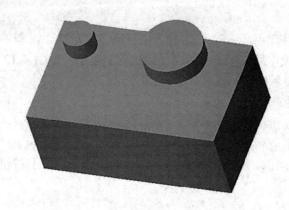

图 7-14　移动复制特征

(1) 打开 PTC Creo Parametric 3.0 M020，新建并进入一个【零件】设计环境，使用公制模板。

(2) 使用拉伸特征建立如图 7-14 所示的基本体。

(3) 单击快速访问工具栏中的【继承】→【特征】，在弹出的菜单栏中单击【复制】命令。

(4) 在弹出的【复制特征】菜单栏中依次单击【移动】→【选择】→【独立】→【完成】。

(5) 弹出【选择】对话框后，在模型中选取需要移动复制的圆柱体拉伸特征，再单击【完成】按钮。

(6) 完成上述操作后，系统将弹出【移动特征】菜单，如图 7-15 所示。此菜单有两项功能：平移和旋转。

● 平移：用指定的方向平移一定距离来复制特征，需要指定平移距离。

● 旋转：用指定的方向旋转复制特征，需要指定旋转角度。

选取这两种操作方式中的任意一种，系统将弹出【一般选择方向】菜单，如图 7-16 所示。此菜单有三项功能：平面、曲线/边/轴和坐标系。

● 平面：用选定的平面法向作为复制特征的移动方向。

● 曲线/边/轴：选取曲线、边或轴作为方向。

● 坐标系：选取坐标系的一根轴作为方向。

在本步操作中，单击【平移】命令。

(7) 在弹出的【一般选择方向】菜单中选择【平面】，再在零件模型中选取 RIGHT 平面为平移新参考面；在此模型中出现平移方向的箭头(如图 7-17 所示)，然后在【方向】菜单栏中默认"正向"后点击【确定】按钮。

  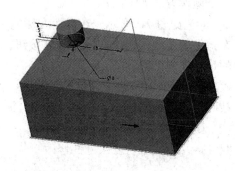

图 7-15　【移动特征】菜单　　　图 7-16　【一般选择方向】菜单　　　　图 7-17　平移方向

(8) 在消息框内输入偏移的距离值为 25 mm，单击 ✔ 按钮，接着在【移动特征】菜单栏中单击【完成移动】。

(9) 此时，系统弹出【组元素】对话框和【组可变尺寸】菜单栏。在【组可变尺寸】菜单栏中选择圆柱直径尺寸为 Dim2，输入值为 16 mm，单击【完成】按钮。

(10) 单击【组元素】对话框中的【确定】按钮，完成平移复制，结果如图 7-14 所示。

7.5　特征重命名

模型是由多个子特征组成，在软件操作界面左侧的模型树中显示着各个特征的名称，每个特征有其直观的名字，不但便于查找此特征，而且模型树脉络清晰，便于他人理解设计者的设计意图。在模型建立过程中，有些特征的名称可以在操控板的【属性】中修改(如图 7-18 所示)，而有些特征如扫描、混合等则不能指定生成特征的名称。

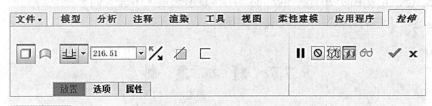

图 7-18　【属性】所在位置

操作方法：如图 7-1 所示，在界面左侧的模型树中选择需要重新命名的特征，单击鼠标右键，在弹出的【编辑操作】中单击【重命名】按钮，在特征名称原有位置输入新的名称，按回车键即可完成操作。

7.6　特征尺寸编辑

在模型树中选择需要修改的特征，单击鼠标右键，在弹出的【编辑操作】对话框中选择"■"按钮，对应的特征将显示其各个参数尺寸以方便操作者修改。

操作方法如下：

(1) 如图 7-1 所示，在界面左侧的模型树中选择需要尺寸编辑的特征，单击鼠标右键，在弹出的【编辑操作】中单击"■"按钮，所选特征会变为如图 7-19 所示的状态，从而特征的尺寸显现出来。

(2) 用鼠标双击所需修改的尺寸，激活特征的尺寸编辑，在文本框中输入新的数值，按回车键完成修改。

(3) 单击工具栏中的再生按钮"■"，或用鼠标三击界面空白处，系统重新生成修改后的尺寸，从而完成特征尺寸的修改。

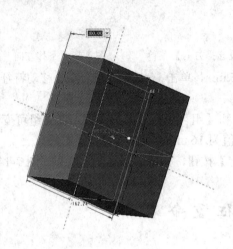

图 7-19　特征尺寸模型图

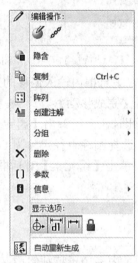

图 7-20　尺寸编辑相关界面

注意：

单击"■"按钮后，界面将来到如图 7-19 所示的状态，此时在模型树中用鼠标右键单击所选特征，会跳出如图 7-20 所示的界面，在"显示选项"下面有四个分别对应不同功能的选项，通过修改它们可以显示或隐藏有关尺寸。

7.7　特征复制

对于由多个相同的单一特征组成的模型，在创建时可以采用复制特征的方法，然后在相应的位置进行粘贴完成模型的创建，从而提高工作效率。

操作方法如下：

(1) 如图 7-1 所示，在界面左侧的模型树中选择需要复制的特征，单击鼠标右键，在弹出的【编辑操作】中单击【复制】按钮"■"，完成对特征的复制。

(2) 在模型树区域的空白处单击鼠标右键，会跳出如图 7-21(a)所示的对话框，选择"粘贴选项"中的左侧第一个"■"选项，便会进入如图 7-21(b)所示的界面；进入"放置"后，选择一个基准平面，将特征放在合适的位置上，点击"✔"按钮完成特征的复制。模型特征如图 7-21(c)所示。

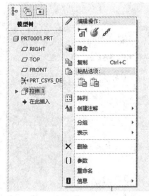
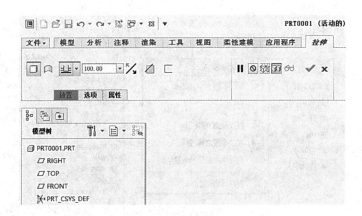

(a) 【编辑操作】对话框　　　　　　　　　　　(b) 粘贴放置

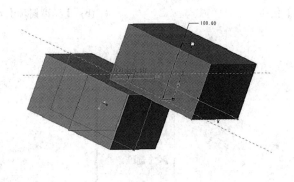

(c) 模型特征

图 7-21　复制操作

7.8　特征的隐含与恢复

隐含和恢复特征是将一个或多个特征暂时从再生中删除，并且可以随时恢复已经隐含的特征的一种特征操作方法，是提高建模的有效手段之一。利用【隐含】和【恢复】命令可以暂时删除特征并且随时恢复已隐含的特征。

操作方法如下：

(1) 如图 7-1 所示，在界面左侧的模型树中选择需要隐含的特征，单击鼠标右键，在弹出的【编辑操作】中单击【隐含】按钮，再点击【确认】按钮完成【隐含】操作。

(2) 在需要恢复被隐含的特征时，单击模型树边上的设置按钮，弹出如图 7-22(a)所示的菜单；单击【树过滤器】按钮，弹出【模型树项】对话框，如图 7-22(b)所示；在【显示】选项组下，选中"隐含的对象"复选框，然后单击【确定】按钮，在模型树中将会显示被隐含的特征。

(3) 在模型树中用鼠标右键单击被隐藏的特征，在弹出的快捷菜单中选择【恢复】命令(如图 7-22(c)所示)，完成被隐含特征的恢复操作。

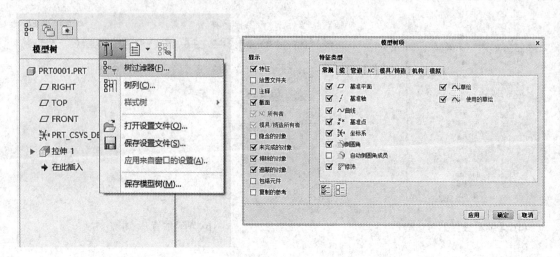

(a) 【树过滤器】按钮　　　　　　　　　　　　(b) 【模型树项】对话框

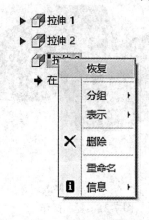

(c) 【恢复】命令

图 7-22　隐含与恢复操作流程

7.9　特 征 的 删 除

可以将选中的一个或一组特征删除。

操作方法：如图 7-1 所示，在界面左侧的模型树中选择需要删除的特征，单击鼠标右键，在弹出的【编辑操作】中单击【删除】按钮。具体方法有以下几种：

(1) 在图形窗口中选择要删除的特征后单击鼠标右键，在弹出的【编辑操作】对话框中选择【删除】按钮。

(2) 在模型树中用鼠标单击选中的特征或按 Ctrl 键选中多个特征，在弹出的【编辑操作】对话框中选择【删除】按钮。

(3) 在图形窗口中选择需要删除的特征，按键盘上的 Delete 键进行删除。

在执行【删除】操作后，系统将会出现提示对话框，如图 7-23(a)所示，单击【确定】按钮确认删除。

(a) 【删除】对话框　　　　　　　　　　　　　(b) 右键菜单

图 7-23　删除操作

　　阵列是特征的一种，删除阵列与删除单个特征不同。在模型树中选择阵列并单击右键，弹出如图 7-23(b)所示的菜单。关于删除的菜单有"删除"和"删除阵列"两项。单击"删除"菜单项将删除阵列和生成阵列的原始特征；单击"删除阵列"菜单项仅删除阵列，生成阵列的原始特征将以独立特征的形式出现在模型树上。

习　　题

　　1. 请根据特征编辑操作的相关知识，创建第 6 章图 6-38 中的第二条筋特征。提示：筋可以使用镜像等特征操作来完成。

　　2. 请根据特征编辑操作的相关知识，再次创建第 6 章习题 2.的壳体。提示：壳体的突出结构及加强筋等可以使用复制、镜像等特征操作来完成。

　　3. 使用复制特征的方法重新创建第 7 章图 7-6 所示的圆柱特征，比较两种操作方法的异同。

第 8 章　曲面特征建模

曲面特征是现代产品工业设计中不可或缺的特征，它是创建复杂外观模型有效的工具。与一般规则实体特征的创建相比，曲面特征的创建难度大，技巧性强，它广泛应用在汽车、飞机、玩具等形状复杂模型的设计中。在 Creo 3.0 中，曲面特征是一种没有厚度和质量的几何特征，仅代表位置。Creo 3.0 提供了非常自由的方式来创建曲面。此外，曲面之间也可以进行灵活的编辑，这为复杂曲面的创建提供了更加便利的条件。本章将重点地介绍曲面的创建和编辑。

8.1　曲　面　创　建

曲面特征的创建方法包括拉伸曲面、旋转曲面、填充曲面、扫描曲面、混合曲面、创建特征曲线、可变截面扫描曲面、扫描混合曲面、边界混合曲面等。

1. 拉伸曲面特征建模

利用【拉伸】工具可以创建垂直于绘图平面的拉伸曲面特征。

创建拉伸曲面的步骤如下：

(1) 单击【模型】功能选项卡【形状】区域中的图标按钮 ⬚，打开【拉伸】特征操控板，如图 8-1 所示。

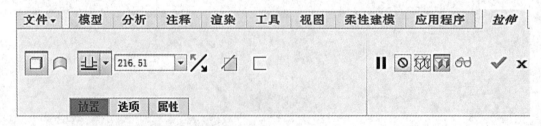

图 8-1　【拉伸】特征操控板

(2) 单击【拉伸】特征操控板中的图标按钮 � (拉伸为曲面)。

(3) 单击【放置】下滑面板中的【定义】按钮，弹出【草绘】对话框(如图 8-2 所示)，选择 FRONT 基准平面为草绘平面，RIGHT 基准平面为参考平面，方向为"右"，单击【草绘】按钮进入草绘模式。

图 8-2　【草绘】对话框

（4）单击【设置】区域中的图标按钮 草绘视图，使 FRONT 基准平面与屏幕平行，绘制如图 8-3 所示的草绘截面。

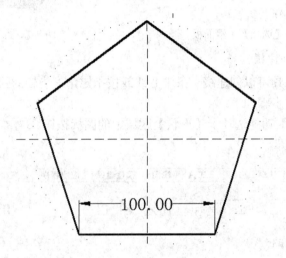

图 8-3　草绘截面

（5）截面绘制完成后，单击图标按钮 ✔ 退出草绘模式，回到零件模式。

（6）在【拉伸】特征操控板中选择 ⊥ (盲孔)，以指定深度值进行拉伸(输入深度值为 100)，如图 8-4 所示。按回车键，此时绘图区显示如图 8-5 所示的拉伸曲面效果。

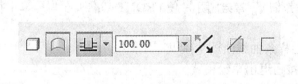

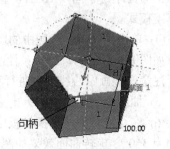

图 8-4　拉伸曲面特征操控板　　　　　　　　　图 8-5　拉伸曲面

注意：拉伸深度值可以在如图 8-5 所示的界面中直接双击数值后，在弹出的文本框中进行修改，也可以通过拖动句柄来调整。

(7) 激活【选项】下滑面板中的 ☑ 封闭端 复选框，如图 8-6 所示；使曲面特征两端部封闭，曲面效果如图 8-7 所示，单击图标按钮 ✔ 完成拉伸曲面的创建。

注意：选取 ☑ 封闭端 复选框需要有一个闭合的草绘截面。

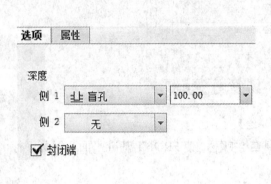

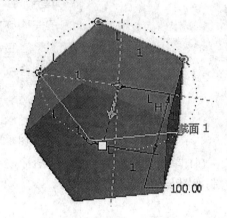

图 8-6　　【选项】下滑面板　　　　　　　　　　图 8-7　封闭拉伸曲面

2. 旋转曲面特征建模

利用【旋转】工具可以创建绕一条中心线或按指定角度旋转的回转类曲面。

创建旋转曲面的步骤如下：

(1) 单击【模型】功能选项卡【形状】区域中的图标按钮 ⬡ 旋转，打开【旋转】特征操控板，如图 8-8 所示。

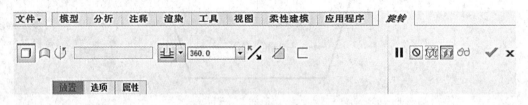

图 8-8　　【旋转】特征操控板

(2) 单击【旋转】特征操控板中的图标按钮 ◻（作为曲面旋转）。

(3) 单击【放置】下滑面板中的【定义】按钮，弹出【草绘】对话框，选择 FRONT 基准平面为草绘平面，RIGHT 基准平面为参考平面，方向为"右"，单击【草绘】按钮进入草绘模式。

(4) 单击【设置】区域中的图标按钮 ⬚ 草绘视图，使 FRONT 基准平面与屏幕平行，绘制如图 8-9 所示的草绘样条曲线。

注意：先画中心线，再进行草绘样条曲线(形状相似即可)。

(5) 曲线绘制完成后，单击 ✔ 按钮退出草绘模式。

(6) 在【旋转】特征操控板中选择 ⬚（从草绘平面以指定的角度值旋转），默认旋转角度值为 360°。旋转曲面效果如图 8-10 所示。

(7) 单击【旋转】特征操控板上的 ✔ 按钮，完成旋转曲面的创建。

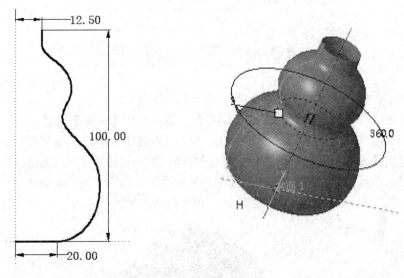

图 8-9　草绘样条曲线　　　　　　　　　　图 8-10　旋转曲面

3. 填充曲面特征建模

使用【填充】工具可以创建一类平整曲面特征，这类曲面特征是通过其边界定义的一种平整曲面封闭环特征，通常用于加厚曲面，或与其他曲面合并成一个整体面组。

创建填充曲面的步骤如下：

如图 8-11 所示，现对一个半球曲面的开放端进行曲面填充。

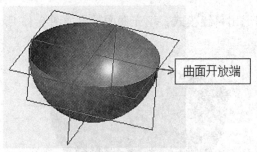

图 8-11　半球曲面

(1) 单击【模型】功能选项卡【曲面】区域中的图标按钮▨填充，打开【填充】特征操控板，如图 8-12 所示。

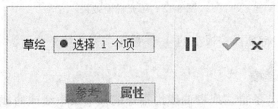

图 8-12　【填充】特征操控板

(2) 单击【填充】特征操控板上的【参考】选项卡，弹出【参考】下滑面板，如 8-13 所示。

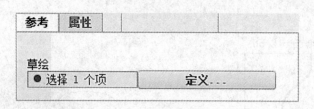

图 8-13　【参考】下滑面板(1)

(3) 单击【参考】下滑面板中的【定义】按钮，弹出【草绘】对话框，选取半球面开放端所在平面为草绘平面，其他选项默认，单击【草绘】按钮进入草绘模式。

(4) 单击【设置】区域中的图标按钮 ⚏ 草绘视图，使草绘平面与屏幕平行。

(5) 单击图标按钮 ▢ 投影，弹出【类型】对话框，选取半球面开放端(图 8-11 中所指位置)的边线。草绘曲线与参考边线重合，如图 8-14 所示。

图 8-14　草绘曲线

(6) 单击 ✔ 按钮退出草绘模式。填充曲面效果如图 8-15 所示。

图 8-15　填充曲面效果

(7) 单击【填充】特征操控板上的 ✔ 按钮，完成填充曲面特征的创建。

4. 扫描曲面特征建模

扫描曲面指的是一条直线或者曲线沿指定的某一条直线或曲线路径运动所完成的一个新的曲面。利用【扫描】工具可以创建扫描曲面特征。扫描曲面主要包括选取轨迹以及草绘剖面两个步骤。

创建扫描曲面的步骤如下：

(1) 单击【模型】功能选项卡【形状】区域中的图标按钮 ✎ 扫描，打开【扫描】特征操控板，如图 8-16 所示。

图 8-16 【扫描】特征操控板(1)

(2) 草绘扫描轨迹。单击【扫描】特征操控板上右端的【基准】按钮 ⊹ ，再单击【基准】下滑面板中的【草绘】按钮 ⊹ ，弹出【草绘】对话框，选择 FRONT 基准平面为草绘平面，其他选项默认，单击【草绘】按钮进入草绘模式。

(3) 单击【设置】区域中的图标按钮 ⊡ 草绘视图，使 FRONT 基准平面与屏幕平行，绘制如图 8-17 所示的草绘轨迹线。

(4) 轨迹线绘制完成后，单击 ✔ 按钮退出草绘模式。

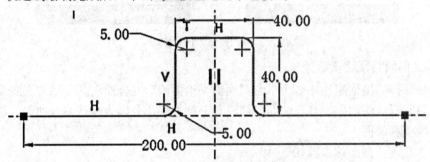

图 8-17 草绘轨迹线

注意：回到零件模式后，草绘轨迹线默认被选中。若草绘轨迹线没有被选中，单击【参考】下滑面板中的轨迹【选择项】(如图 8-18 所示)，选取所需的扫描轨迹线即可(如图 8-19 所示)。

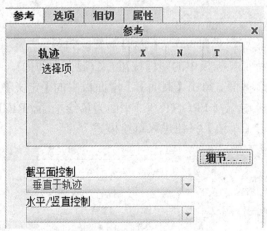

图 8-18 【参考】下滑面板(2)

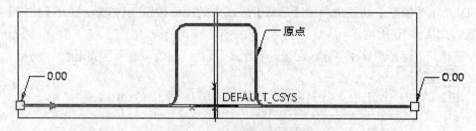

图 8-19　选取扫描轨迹线

(5) 单击【扫描】特征操控板中的图标按钮 ▢(扫描为曲面)。

(6) 单击【扫描】特征操控板中的图标按钮 ▢(创建或编辑扫描截面)，进入草绘，绘制直径为 10 的圆，再单击 ✔ 按钮退出草绘模式。

(7) 单击【扫描】特征操控板上的 ✔ 按钮，完成扫描曲面的创建，如图 8-20 所示。

图 8-20　扫描曲面特征模型

5. 混合曲面特征建模

混合曲面指的是创建连接多个草绘截面的平滑面组。混合曲面是一系列直线或曲线上的对应点串联形成的曲面。混合曲面的创建有三种方法，分别为平行混合曲面、旋转混合曲面和一般混合曲面。

创建平行混合曲面的步骤如下：

(1) 单击【模型】功能选项卡【形状】下滑面板中的图标按钮 ⬡｜混合，打开【混合】特征操控板，如图 8-21 所示。

图 8-21　【混合】特征操控板

(2) 单击【混合】特征操控板中的图标按钮 ▢(混合为曲面)。

(3) 草绘第一个混合截面。单击【截面】下滑面板中的【定义】按钮，如图 8-22 所示。在弹出的【草绘】对话框中选择 FRONT 基准平面为草绘平面，RIGHT 基准平面为参考平面，方向为"右"，单击【草绘】按钮进入草绘模式。

图 8-22　【截面】下滑面板(1)

(4) 单击【设置】区域中的图标按钮 ⬚草绘视图 ，使 FRONT 基准平面与屏幕平行，绘制如图 8-23 所示的第一个混合截面。绘制完成后，单击 ✔ 按钮退出草绘模式。

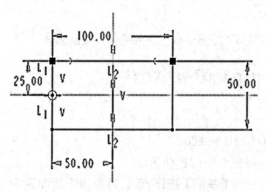

图 8-23　第一个混合截面(1)

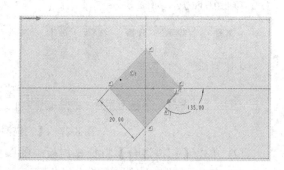

图 8-24　第二个混合截面(1)

(5) 草绘第二个混合截面。单击【截面】下滑面板中的图标按钮 草绘... ，在弹出的【草绘】对话框中选择 FRONT 基准平面为草绘平面，RIGHT 基准平面为参考平面，方向为"右"，单击【草绘】按钮进入草绘模式。

(6) 同步骤(4)一样，绘制如图 8-24 所示的第二个混合截面。绘制完成后，单击 ✔ 按钮退出草绘模式。

(7) 草绘第三个混合截面。单击【截面】弹出面板中的图标按钮 插入 ，即可插入截面 3。单击图标按钮 草绘... ，在弹出的【草绘】对话框中选择 FRONT 基准平面为草绘平面，RIGHT 基准平面为参考平面，方向为"右"，单击【草绘】按钮进入草绘模式。

(8) 同步骤(4)一样，绘制如图 8-25 所示的第三个混合截面。绘制完成后，单击 ✔ 按钮退出草绘模式。

(9) 依次修改三个截面之间的偏移尺寸分别为 50、40 mm。单击【混合】特征操控板中的 ✔ 按钮，得到混合曲面几何模型，如图 8-26 所示。

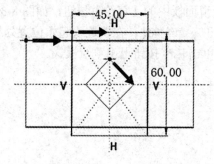

图 8-25　第三混合截面(1)

图 8-26　混合曲面几何模型

6. 扫描混合曲面特征建模

利用【扫描混合】工具可以创建扫描混合曲面特征。扫描混合曲面特征是指多个混合截面沿着一个扫面轨迹扫描混合而成的特征。(扫描混合曲面特征建模需要选取轨迹以及草绘至少两个特征截面。)

创建扫描混合曲面的步骤如下：

(1) 单击【模型】功能选项卡【形状】区域中的图标按钮 ✏ 扫描混合，打开【扫描混合】特征操控板，如图 8-27 所示。

图 8-27　【扫描混合】特征操控板

(2) 单击【扫描混合】特征操控板中的图标按钮 🔲 (创建曲面)。

(3) 草绘扫描混合轨迹。单击操作界面右上角的【基准】按钮 ⚟，再单击下滑面板中的【草绘】按钮 ⚟，弹出【草绘】对话框，选择 FRONT 基准平面为草绘平面，RIGHT 基准平面为参考平面，方向为"右"，单击【草绘】按钮进入草绘模式。

(4) 单击【设置】区域中的图标按钮 ⚟ 草绘视图，使 FRONT 基准平面与屏幕平行，绘制如图 8-28 所示的草绘基准曲线。

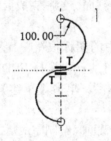

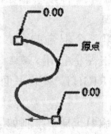

图 8-28　草绘基准曲线　　　　图 8-29　选取基准曲线作为轨迹线

(5) 轨迹线绘制完成后，单击 ✔ 按钮退出草绘模式，回到扫描混合模式。

(6) 选取基准曲线作为轨迹线，如图 8-29 所示。

(7) 单击【截面】选项卡，再点击【截面】下滑面板中的【草绘】按钮，如图 8-30 所示。进入草绘后，单击【设置】区域中的图标按钮 ⚟ 草绘视图，在轨迹线起始位置处绘制如图 8-31 所示的第一个混合截面。草绘完成后，单击 ✔ 按钮退出草绘模式。

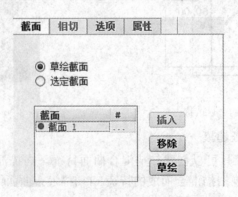

图 8-30　【截面】下滑面板(2)

(8) 点击【截面】弹出面板中的【插入】按钮，同步骤(7)一样，在轨迹线终点处绘制如图 8-32 所示的第二个混合截面。第二个混合截面绘制完成后，单击 ✔ 按钮退出草绘模式。

(9) 同步骤(7)一样，在轨迹线终点处绘制如图 8-33 所示的第三个混合截面。

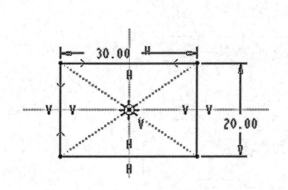

图 8-31　第一个混合截面(2)　　　　　　图 8-32　第二个混合截面(2)

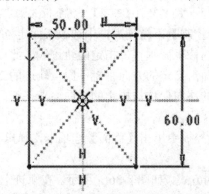

图 8-33　第三个混合截面(2)

(10) 单击 ✔ 按钮退出扫描混合模式，得到如图 8-34 所示的扫描混合曲面几何模型。

图 8-34　扫描混合曲面几何模型

草绘扫描混合截面时必须注意以下两点：

● 不同的扫描混合截面必须包含相同的图元数，且截面起始位置及方向要相同。

● 若有扫描混合截面位置特殊，在执行【扫描混合】命令前，在轨迹线上要预先创建基准点，以确定扫描混合截面的位置。

对扫描混合操作及设置作以下说明：

(1) 截面定位的方式。

在【扫描混合】特征操控板(如图 8-27 所示)中单击【参考】选项卡，弹出【参考】下滑面板，如图 8-35 所示。

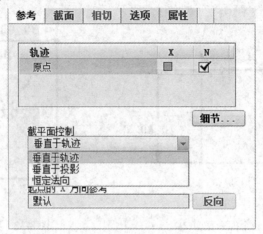

图 8-35   【参考】下滑面板(3)

在该下滑面板【截平面控制】下拉列表框中选取截面定位的方式如下：

① 垂直于轨迹：绘制的截平面垂直于指定的轨迹线。此项为默认设置。

② 垂直于投影：截平面沿指定的方向垂直于原点轨迹的 2D 投影线。

③ 恒定法向：截平面的法向保持与指定的方向参考平行。

(2) 截面创建的方式。

在【扫描混合】特征操控板中单击【截面】选项卡，弹出下滑面板。在该下滑面板选取截面创建的方式如下：

① 选择"草绘截面"的方式，如图 8-36(a)所示。在轨迹上选取一位置点，并单击【草绘】按钮，绘制扫描混合特征的截面；继续单击【插入】按钮，在轨迹上选取另一位置点，并单击【草绘】按钮，绘制另一截面。

(a) 选择"草绘截面"的方式

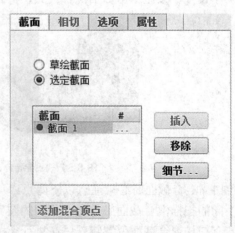

(b) 选择"选定截面"的方式

图 8-36   【截面】下滑面板(3)

【截面】列表：指扫描混合特征定义的截面表。每次只有一个截面是活动的。当截面添加到列表时，会按时间顺序对其进行编号和排序。标记为#的列中显示草绘横截面中的图元数。

【插入】按钮：单击该按钮可激活新收集器。新截面为活动截面。

【移除】按钮：单击该按钮可删除表格中的选定截面。

【草绘】按钮：单击该按钮打开"草绘器"，进入草绘模式创建截面。

【截面位置】选项：激活该选项可收集链端点、顶点或基准点以定位截面。

【旋转】选项：可指定截面的旋转角度（–120°～+120°）。

② 选择"选定截面"的方式，如图 8-36(b)所示。选取先前定义的截面为扫描混合截面，继续单击【插入】按钮，选取先前定义的另一截面为扫描混合新截面。

【截面】列表：指扫描混合定义的截面表。

【插入】按钮：单击该按钮可激活新收集器。新截面为活动截面。

【移除】按钮：单击该按钮可删除表格中的选定截面。

【细节】按钮：单击该按钮打开"链"对话框以修改选定链的属性。

注意：

● 所有截面的图元数必须相同。

● 截面不能位于"原始轨迹"的尖角处。

● 对于闭合轨迹轮廓，在起始点和其他位置必须至少有一个草绘截面。Pro/ENGINEER 在端点处建立第一个截面。

● 对于开放轨迹轮廓，必须在起始点和终止点上创建截面。在这些点上，没有可跳过截面放置的选项。

● 截面不能标注尺寸到模型，因为在修改轨迹时，会使这些尺寸无效。

上机操作——吊钩建模的操作如下：

(1) 单击图标按钮 🗁 选择工作目录，新建一个【零件】设计环境。

(2) 单击【模型】功能选项卡【基准】区域中的图标按钮 🟪 ，弹出【草绘】对话框，选择 FRONT 基准平面为草绘平面，RIGHT 基准平面为参考平面，方向为"右"，单击【草绘】按钮进入草绘模式。

(3) 单击【设置】区域中的图标按钮 🖲草绘视图 ，使 FRONT 基准平面与屏幕平行，绘制如图 8-37 所示的草绘轨迹。

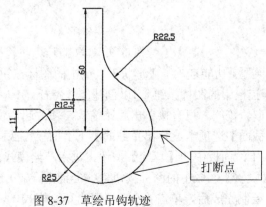

图 8-37　草绘吊钩轨迹

(4) 单击【草绘】功能选项卡【编辑】区域中的图标按钮 ↗分割，按照如图 8-37 所示的两处打断点位置将半径为 25 的圆弧做打断处理，单击 ✓ 按钮回到零件模式。

(5) 单击【模型】功能选项卡【基准】区域中的图标按钮 ✕✕点，弹出【基准点】对话框，如图 8-38 所示。

图 8-38 【基准点】对话框(1)

(6) 在草绘轨迹上创建 7 个基准点(如图 8-39 所示)，单击【确定】按钮完成基准点的创建。

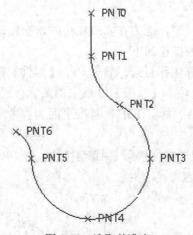

图 8-39 选取基准点

(7) 单击【模型】功能选项卡【形状】区域中的图标按钮 ✐扫描混合，打开【扫描混合】操控板，单击操控板中的图标按钮 ☐以创建实体特征。

(8) 单击选取轨迹线，可直接单击起始箭头，修改起始位置为 PNT0 点。

(9) 单击【截面】选项卡，弹出【截面】下滑面板，截面位置默认为 PNT0 点(开始)，再单击【截面】下滑面板中的【草绘】按钮，进入草绘模式。

(10) 单击【设置】区域中的图标按钮 ⚄草绘视图，在轨迹线起始位置处绘制如图 8-40 所示的截面 1。绘制完成后，单击 ✓ 按钮退出草绘模式。

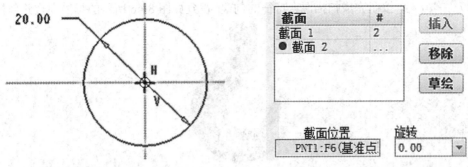

图 8-40　草绘截面 1、2　　　　　　　　　　　图 8-41　【截面】下滑面板(4)

(11) 单击【截面】下滑面板中的【插入】按钮，插入截面 2，然后选取基准点 PNT1点以确定截面 2 位置，如图 8-41 所示。

(12) 单击【截面】下滑面板中的【草绘】按钮，进入草绘模式。

(13) 单击【设置】区域中的图标按钮 草绘视图，在轨迹线起始位置处绘制如图 8-40所示的截面 2。绘制完成后，单击 按钮退出草绘模式。

(14) 重复(11)～(13)，分别选择基准点 PNT2、PNT3、PNT4 和 PNT5，绘制如图 8-42、图 8-43、图 8-44 和图 8-45 所示的四个截面。

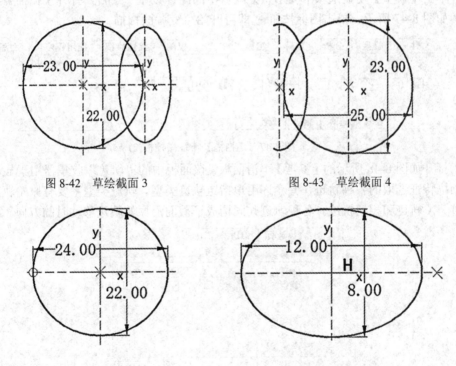

图 8-42　草绘截面 3　　　　　　　　　　　　图 8-43　草绘截面 4

图 8-44　草绘截面 5　　　　　　　　　　　　图 8-45　草绘截面 6

(15) 单击【截面】下滑面板中的【插入】按钮，插入截面 7，选取基准点 PNT6 点。单击【截面】下滑面板中的【草绘】按钮，进入草绘模式。

(16) 单击图标按钮 点，在基准点 PNT6 点处创建一点。截面 7 绘制完成后，单击 按钮退出草绘模式。

(17) 单击 ✔ 按钮完成扫描混合特征的创建,得到如图 8-46 所示的扫描混合几何模型。

图 8-46　扫描混合几何模型

7. 可变截面扫描曲面特征建模

利用【可变截面扫描】工具可以在沿一条或多条轨迹线进行扫描截面时来创建实体或曲面特征。在进行扫描截面时,截面形状不会发生变化,只有截面的形状大小会随着轨迹线和轮廓线的变化而变化。通过这种灵活的扫描方式,我们可以创建满足此类特征的曲面特征和几何模型。

对可变截面扫描操作流程作以下说明:

单击【模型】功能选项卡【形状】区域中的图标按钮 🖊 扫描,打开【扫描】特征操控板,如图 8-47 所示。单击图标按钮 ∟ 即可开始可变截面扫描。

图 8-47　【扫描】特征操控板(2)

打开如图 8-48 所示的【参考】下滑面板,该面板中的"轨迹"收集器用于显示可变截面扫描特征选取的各种轨迹,并允许用户指定轨迹类型。轨迹类型主要有原始轨迹、法向轨迹、X 轨迹和相切轨迹。各种轨迹共同构成了截面沿原始轨迹移动时的方向。

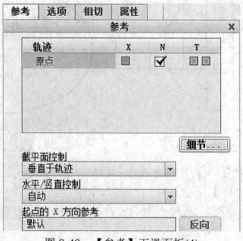

图 8-48　【参考】下滑面板(4)

注意：对于原始轨迹外的所有其他轨迹，在选中"T""N"或"X"复选框前，默认情况下都是辅助轨迹。X 轨迹和"法向"轨迹都只能指定一条，这两种轨迹可指定为同一条。而任何具有相邻曲面的轨迹都可以是"相切"轨迹。尤其要注意，不能删除原始轨迹，但可以替换原始轨迹。

可变截面扫描操作流程分为以下六步：

第 1 步，草绘或选取原始轨迹；

第 2 步，执行"可变截面扫描"工具；

第 3 步，根据需要添加轨迹；

第 4 步，指定截面以及水平和垂直方向控制；

第 5 步，草绘截面进行扫描；

第 6 步，预览几何并完成特征。

创建可变截面扫描的步骤如下：

(1) 单击 按钮选择工作目录，新建一个【零件】设计环境。

(2) 单击【模型】功能选项卡【基准】区域中的草绘按钮 ，弹出【草绘】对话框，选择 FRONT 基准平面为草绘平面，RIGHT 基准平面为参考平面，方向为"右"，单击【草绘】按钮进入草绘模式。

(3) 单击【设置】区域中的图标按钮 草绘视图，使 FRONT 基准平面与屏幕平行，绘制如图 8-49 所示的基准曲线。

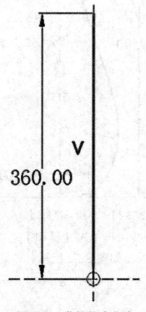

图 8-49　草绘基准曲线(1)

(4) 轨迹线绘制完成后，单击 按钮退出草绘模式，回到零件模式。

(5) 单击【模型】功能选项卡【基准】区域中的图标按钮 轴，弹出【基准轴】对话框。按住 Ctrl 键不放，选取基准平面 FRONT 和基准平面 RIGHT 作基准轴参考(如图 8-50 所示)，单击【确定】按钮完成基准轴 A_1 的创建。

图 8-50　【基准轴】对话框

(6) 同(2)、(3)一样,绘制如图 8-51 所示的基准曲线。

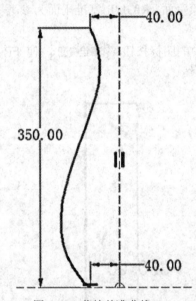

图 8-51　草绘基准曲线(2)

(7) 先选取(6)中绘制的基准曲线,再单击【模型】功能选项卡【编辑】区域中的阵列按钮 ,打开【阵列】特征操控板,如图 8-52 所示。

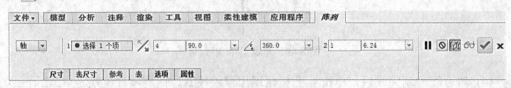

图 8-52　【阵列】特征操控板

(8) 选择创建轴阵列,选择基准轴 A_1 为阵列中心的基准轴。第一方向的阵列成员数输入值为 8,阵列成员间的角度输入值为 45,单击 按钮退出阵列模式。

(9) 打开【扫描】特征操控板，单击图标按钮 ⌐ 进入可变截面扫描模式。

(10) 单击【扫描】特征操控板中的图标按钮 ▢ (扫描为曲面)。

(11) 按住 Ctrl 键依次选取基准曲线 1 和由基准曲线 2 阵列所得的 8 条曲线链作为参考轨迹，【参考】下滑面板中其他项的设置默认。

(12) 单击【扫描】特征操控板中的图标按钮 ▨ (创建扫描截面)，进入草绘界面。单击【草绘】操控板中【设置】区域的图标按钮 ⊞ 草绘视图，使草绘平面与屏幕平行，绘制如图 8-53 所示的扫描截面，其中里面绘制的圆要将其变为构造。

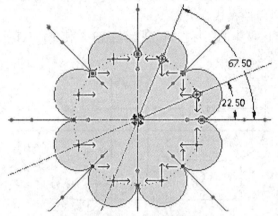

图 8-53　草绘可变截面扫描截面

注意：系统进入草绘界面后，可以看到在所显示的点中每条曲线上都有一个以小 "×" 的方式显示的点，本实例中因为有 8 条曲线，所以有 8 个 "×" 点，所绘的扫描截面必须通过这 8 个点。

(13) 草绘完成后，单击 ✔ 按钮退出草绘模式。

(14) 单击【扫描】特征操控板中的 ✔ 按钮，完成可变截面扫描曲面特征的创建。

(15) 选取可变截面扫描所得的曲面，单击【模型】功能选项卡【编辑】区域中的加厚按钮 ⊏，打开【加厚】特征操控板，总加厚偏移值输入为 4 mm，按回车键。单击 ✔ 按钮完成可变截面扫描实体的创建，效果如图 8-54 所示。

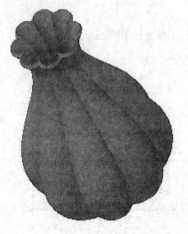

花瓶

图 8-54　完成可变截面扫描实体的创建

8. 边界混合曲面特征建模

边界混合曲面是由单个方向上或者两个方向上的参考元素来约束而形成的混合曲面特征，其中曲面的边界、基准线、曲线、基准点、曲线上的端点等都可以作为约束曲面特征的参考元素。我们可以通过【边界混合】工具创建复杂的曲面特征。

单个方向上的边界混合的步骤如下：

(1) 在零件模式中，单击【模型】功能选项卡【基准】区域中的草绘按钮，弹出【草绘】对话框，选择 RIGHT 基准平面为草绘平面，TOP 基准平面为参考平面，方向为"右"，单击【草绘】按钮进入草绘模式。

(2) 单击【设置】区域中的图标按钮 草绘视图，使 RIGHT 基准平面与屏幕平行，绘制如图 8-55 所示的草绘曲线。

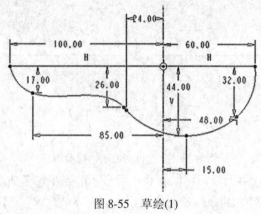

图 8-55　草绘(1)

(3) 草绘完成后，单击 按钮退出草绘模式。

(4) 选取草绘(1)，单击【模型】功能选项卡【编辑】区域中图标按钮 镜像，镜像平面参考基准平面 FRONT，单击 按钮得到草绘(2)。

(5) 单击【模型】功能选项卡【基准】区域中的草绘按钮，弹出【草绘】对话框，选择基准平面 FRONT 为草绘平面，基准平面 RIGHT 为参考平面，方向为"右"，单击【草绘】按钮进入草绘模式。

(6) 单击【设置】区域中的图标按钮 草绘视图，使 FRONT 基准平面与屏幕平行，绘制如图 8-56 所示的草绘曲线。

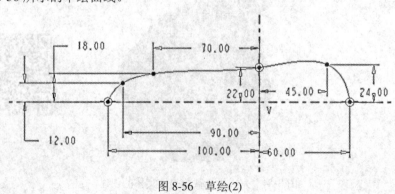

图 8-56　草绘(2)

(7) 草绘完成后，单击 ✔ 按钮退出草绘模式，回到零件模式。

(8) 单击【模型】功能选项卡【曲面】区域中的边界混合按钮 ⬚，打开【边界混合】特征操控板，如图 8-57 所示。

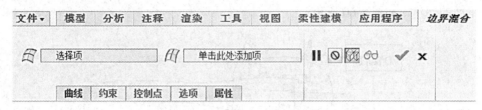

图 8-57　【边界混合】特征操控板

(9) 激活【边界混合】特征操控板中的 ⬚ 选择项 （第一方向链收集器），按住 Ctrl 键依次选取前面绘制的三条曲线作为边界混合的三条边链，如图 8-58 所示。

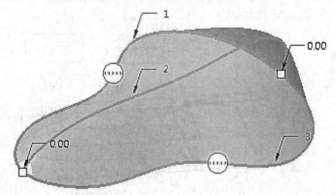

图 8-58　依次选取边界混合的边链

(10) 单击 ✔ 按钮完成单个方向边界混合曲面特征的创建。

注意： 我们不仅可以通过上述步骤(9)的方法选取边链创建混合曲面，还可以通过【曲线】下滑面板(如图 8-59 所示)，利用"第一方向"链收集器和"第二方向"链收集器选取各方向的曲线来创建混合曲面，并可以控制选取边链的顺序。单击【细节】按钮，打开【链】对话框，可以修改链和曲面属性。【曲线】下滑面板中的"闭合混合"复选框只适用于单向曲线且为多条曲线，通过它可以将最后一条曲线与第一条曲线混合来形成封闭环曲面。

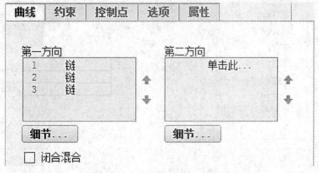

图 8-59　【曲线】下滑面板

两个方向上的边界混合的步骤如下：

(1)～(7)同"单个方向上的边界混合"的(1)～(7)。

(8) 单击【模型】功能选项卡【基准】区域中的图标按钮 ▱ ，弹出【基准平面】对话框，选取基准平面 TOP 为草绘平面，偏移值输入为 40 mm，单击【确定】按钮完成 DTM1 基准平面的创建，如图 8-60 所示。

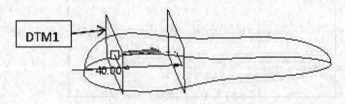

图 8-60　创建 DTM1 基准平面

(9) 同步骤(8)一样，分别创建 DTM2 基准平面和 DTM3 基准平面，并分别输入偏移值为 40、80 mm，如图 8-61 所示。

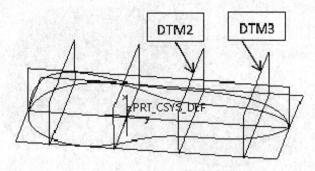

图 8-61　创建基准平面

(10) 单击【模型】功能选项卡【基准】区域中的图标按钮 ×× 点，弹出【基准点】对话框，如图 8-62 所示。

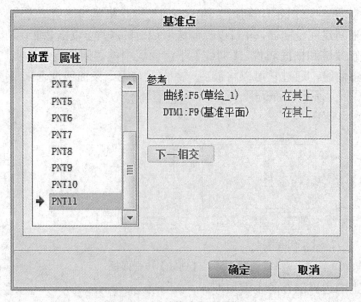

图 8-62　【基准点】对话框(2)

(11) 在草绘轨迹上创建 12 个基准点(如图 8-63 所示)，单击【确定】按钮，完成基准点的创建。

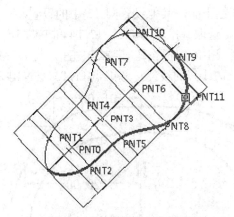

图 8-63　完成基准点的创建

(12) 单击【模型】功能选项卡【基准】区域中的草绘按钮 ，弹出【草绘】对话框，选择基准平面 DTM3 为草绘平面，基准平面 RIGHT 为参考平面，方向为"上"，单击【草绘】按钮进入草绘模式。

(13) 单击【设置】区域中的图标按钮 参考，弹出【参考】对话框，选取基准点 PNT0、PNT1 和 PNT2(如图 8-64 所示)，单击【关闭】按钮退出参考。

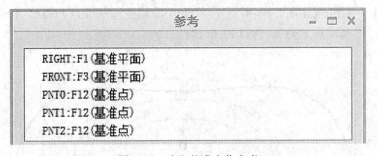

图 8-64　选取基准点作参考

(14) 单击【设置】区域中的图标按钮 草绘视图，使 DTM3 基准平面与屏幕平行，绘制如图 8-65 所示的草绘曲线。曲线经过基准点 PNT0、PNT1 和 PNT2。

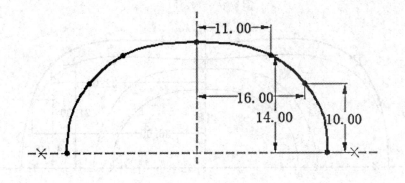

图 8-65　草绘(3)

(15) 草绘完成后，单击 ✔ 按钮退出草绘模式。

(16) 单击【模型】功能选项卡【基准】区域中的草绘按钮 ，弹出【草绘】对话框，选择基准平面 DTM2 为草绘平面，其他设置同(12)中的设置。

(17) 同步骤(13)一样，选取基准点 PNT3、PNT4 和 PNT5 作参考。

(18) 单击【设置】区域中的图标按钮 草绘视图，使 DTM2 基准平面与屏幕平行，绘制如图 8-66 所示的草绘曲线。曲线经过基准点 PNT3、PNT4 和 PNT5。

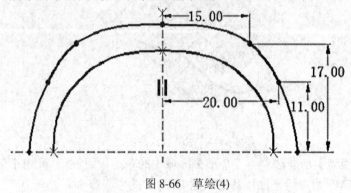

图 8-66　草绘(4)

(19) 草绘完成后，单击 ✔ 按钮退出草绘模式。

(20) 同步骤(12)~(15)一样，分别在基准平面 TOP 和基准平面 DTM1 上绘制草绘(5)(如图 8-67 所示)、草绘(6)(如图 8-68 所示)。草绘(5)曲线经过基准点 PNT6、PNT7 和 PNT8，草绘(6)曲线经过基准点 PNT9、PNT10 和 PNT11。

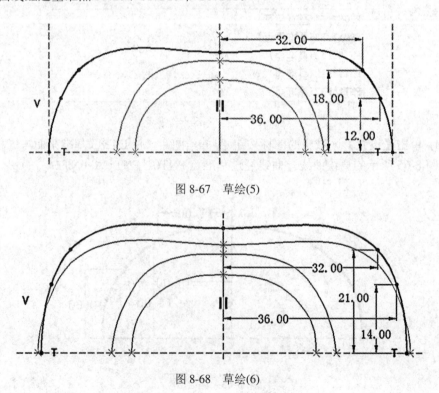

图 8-67　草绘(5)

图 8-68　草绘(6)

(21) 操作同"单个方向上的边界混合"的步骤(8)和(9)。

(22) 激活【边界】混合特征操控板下的 ☐ 单击此处添加项 (第二方向链收集器)，按住 Ctrl 键依次选取草绘(3)、草绘(4)、草绘(5)和草绘(6)作为边界混合的第二方向边链，如图 8-69 所示。

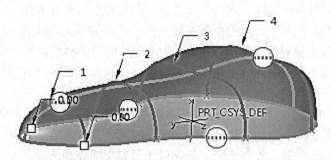

图 8-69　依次选取第二方向边链

(23) 单击 ✓ 按钮完成两个方向边界混合曲面特征创建。

边界混合操作的说明：

(1) 选取每个方向上参考图元，必须按照连续的顺序依次选取用以边界混合的链。

(2) 在两个方向上定义特征曲面，必须保证外部边界是封闭的环，否则无法生成特征曲面。

(3) 在每个方向上可选取多条链定义特征曲面，链的数量越多，创建的特征曲面就越精确。

(4) 选择【约束】项，打开【约束】下滑面板，如图 8-70 所示。通过此下滑面板可定义如图 8-70 所示的四种边界的条件，还可以通过选择"显示拖动控制滑块""添加侧曲线影响"和"添加内部边相切"等复选框来控制曲面形状。

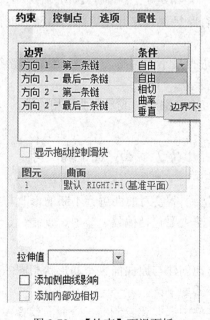

图 8-70　【约束】下滑面板

● "添加侧曲线影响"：在单向混合曲面中，对于指定为"相切"或"曲率"的边界条件，Creo 3.0 系统会使混合曲面的侧边相切于参照的侧边。

● "添加内部边相切"：为混合曲面的一个或两个方向设置相切内部边条件。此条件只适用于具有多段边界的曲面，可创建带有曲面片(通过内部边并与之相切)的混合曲面。在某些情况下，如果几何复杂，则内部边的二面角可能会与零有偏差。

(5) 控制点是位于同一方向的各条参照线上由用户定义的相对应的一组点(可选顶点或基准点)，用来辅助控制混合网面格走向。当用于形成的参照线数量较少只能粗略描述曲面形状时，通过在某方向参照线上指定一组控制点就相当于在另一方向加入一条参照线，从而使形状控制更符合设计意图。

(6) 选择【控制点】选项卡，出现如图 8-71 所示的【控制点】下滑面板。通过此下滑面板，可选取两条或多条曲线或边链来定义曲面的第一方向或第二方向，点或顶点可用来代替第一条或最后一条链。控制点列表包括以下预定义的控制选项。

图 8-71　【控制点】下滑面板

① 自然：使用一般混合路径混合，并使用同一路径来重置输入曲线的参数，以获得最逼近的曲面。

② 孤长：对原始曲线进行最小的调整，使用一般混合路径来混合曲线，被分成相等的曲线段并逐段混合的曲线除外。

③ 段至段：段对段的混合，曲线链或复合曲线相连接。

8.2　曲　面　编　辑

设计完曲面之后，根据要求需要对曲面进行不断的修改与调整，因此要用到曲面编辑的修改工具。曲面编辑的方法主要包括偏移、修剪、复制、延伸、合并、镜像和移动等。

1. 曲面复制

通过曲面复制可以快捷地创建与原曲面大小和形状相同的曲面。

创建曲面复制的基本步骤如下：

(1) 从图 8-72 所示的零件中选取要复制的一个曲面或者多个曲面，单击【模型】功能选项卡【操作】区域中的图标按钮 复制(快捷键 Ctrl+C)。

图 8-72　选取要复制的曲面

(2) 单击【模型】功能选项卡【操作】区域中的图标按钮 📋 粘贴(快捷键 Ctrl+V)，打开【曲面：复制】特征操控板，如图 8-73 所示。

图 8-73　【曲面：复制】特征操控板

(3) 接受系统默认设置，单击 ✔ 按钮完成曲面复制特征创建，如图 8-74 所示。

关于【选项】下滑面板中三项设置的说明：

● 按原样复制所有曲面：准确地按原样复制曲面。此项为默认设置。

● 排除曲面并填充孔：复制某些曲面，可以选择填充曲面内的孔。

● 复制内部边界：仅复制边界内的曲面。若只需原始曲面的一部分，则选择此项。

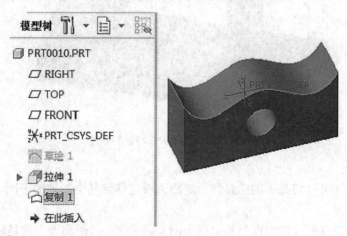

图 8-74　完成曲面复制特征的创建

2. 曲面镜像

通过曲面镜像可以快捷地创建一个或多个曲面关于选定平面的镜像。

创建曲面镜像的基本步骤如下：

(1) 从图 8-75 所示零件中选取要镜像的一个曲面或者多个曲面，单击【模型】功能选项卡【编辑】区域中的图标按钮 ◖◗ 镜像，打开【镜像】特征操控板，如图 8-76 所示。

图 8-75　选取要镜像的曲面

图 8-76　【镜像】特征操控板

(2) 选择一个镜像平面，如图 8-77 所示。

(3) 单击 ✓ 按钮完成曲面镜像特征的创建，如图 8-77 所示。

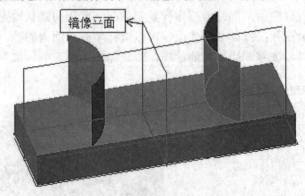

图 8-77　完成曲面镜像特征的创建

3. 曲面延伸

通过曲面延伸可以将某个曲面延伸一定距离或延伸到某个指定的平面。延伸部分与原曲面类型可同可异。

曲面延伸的方法有"沿曲面"和"到平面"两大类。"沿曲面"就是沿着原始曲面延伸到曲面边界边链，包括【相同】、【逼近】和【相切】三个方式。【相同】就是新创建曲面与原始曲面相同；【逼近】是以逼近的方式创建拉伸曲面；【相切】就是新创建直纹曲面与原始曲面相切。"到平面"就是在与指定平面垂直方向延伸边界边链至指定平面。

(1) 沿着原始曲面延伸曲面的基本步骤如下：

① 从图 8-78 所示的零件中选取要延伸曲面的一条边线，单击【模型】功能选项卡【编辑】区域中的图标按钮 ➡ 延伸，打开【延伸】特征操控板。

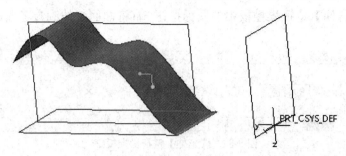

图 8-78　选取要延伸曲面的一条边线

② 接受【延伸】特征操控板中的图标按钮 (沿原始曲面延伸到曲面)，默认选中状态，如图 8-79 所示。

图 8-79　【延伸】特征操控板(1)

③ 在【延伸】特征操控板中的"延伸的距离"文本框里输入 50。

④ 单击【选项】选项卡，打开【选项】下滑面板(如图 8-80 所示)，在"方法"下拉列表中选择"相切"选项。曲面延伸效果如图 8-81 所示。

图 8-80　【选项】下滑面板

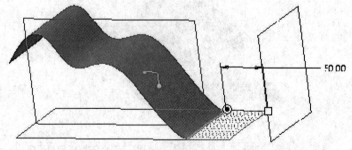

图 8-81　定义延伸曲面连接方式为"相切"

⑤ 单击 ✔ 按钮完成沿着原始曲面延伸曲面的特征创建。

(2) 将曲面延伸到参考曲面的基本步骤如下：

① 从图 8-78 所示的零件中选取要延伸曲面的一条边线，单击【模型】功能选项卡【编辑】区域中的图标按钮 ⏢延伸，打开【延伸】特征操控板。

② 单击【延伸】特征操控板中的图标按钮 (将曲面延伸到参考曲面)，如图 8-82 所示。

图 8-82　【延伸】特征操控板(2)

③ 指定一个参考平面。曲面延伸效果如图 8-83 所示。

④ 单击 ✔ 按钮完成将曲面延伸到参考曲面特征的创建。

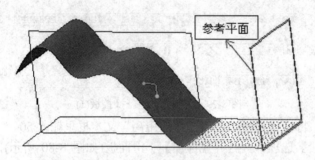

图 8-83　指定延伸曲面参考平面

4. 曲面合并

曲面合并就是通过合并工具将两个不同的曲面合并为一张曲面。通常采用的方法有两种：两相交曲面相交和两相邻曲面连接合并。新合并的曲面是一个独立特征，删除它并不影响原来的曲面。

创建曲面合并的基本步骤如下：

(1) 按住 Ctrl 键从图 8-84 所示的零件中选取要合并的曲面，单击【模型】功能选项卡【编辑】区域中的图标按钮 合并，打开【合并】特征操控板。

图 8-84　选取要合并的曲面

(2) 默认【选项】选项卡的"相交"合并方法。

(3) 模型中显示互相垂直的两个箭头，指向被包括在合并面组中的面组的侧；分别点击两个箭头可改变它们的指向，即可更改两个面组要保留的组的侧。最后两个箭头调整为如图 8-85 所示的方向。

(4) 接受系统默认设置，单击 ✔ 按钮完成曲面合并特征的创建，如图 8-86 所示。

图 8-85　调整面组保留方向

图 8-86　完成曲面合并特征的创建

5. 曲面修剪

曲面修剪就是通过新生的曲线或利用曲线、基准平面等来切割剪裁已存在的曲面，类似于去除材料。可通过"与其他面组或基准平面相交处进行修剪"和"使用面组上的基准曲线修剪"等方式修剪面组。

创建曲面修剪的基本步骤如下：

(1) 从图 8-87 所示的零件中选取要修剪的曲面。

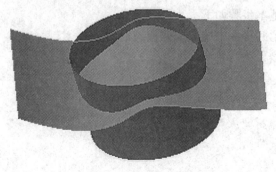

图 8-87　选取要修剪的曲面

(2) 单击【模型】功能选项卡【编辑】区域中的图标按钮 🖫 修剪，打开【曲面修剪】特征操控板，如图 8-88 所示。

图 8-88　　【曲面修剪】特征操控板

(3) 选取椭圆柱体作为修剪对象，点击模型中显示的箭头，使箭头指向要保留的修剪曲面的一侧，即箭头调整为如图 8-89 所示的方向。

图 8-89　　选取修剪对象

(4) 单击 ✔ 按钮完成曲面修剪特征的创建，如图 8-90 所示。

图 8-90　　完成曲面修剪特征的创建

6. 曲面偏移

曲面偏移指的是将一个已知的曲面或一条曲线在指定的方向上平移一定的距离来创建新的曲面特征。

创建曲面偏移的基本步骤如下：

(1) 从图 8-91 所示的零件中选取要偏移的曲面。

图 8-91　　选取要偏移的曲面

(2) 单击【模型】功能选项卡【编辑】区域中的图标按钮 🔲 偏移，打开【偏移】特征操控板，如图 8-92 所示。

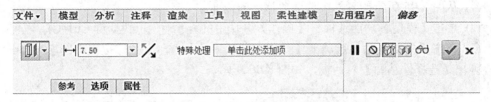

图 8-92　【偏移】特征操控板

(3) 单击 🔲 按钮选取其下拉列表中的标准偏移。在【偏移】特征操控板上的文本框中输入偏移值为 30，按回车键。

(4) 设定【选项】选项卡。【选项】选项卡用来控制偏移曲面的生成方式，如图 8-93 所示，系统默认"垂直于曲面"偏移。其中，"垂直于曲面"指垂直于选定的曲面或曲面偏移；"自动拟合"指自动确定坐标系并沿其轴进行缩放和调整；"控制拟合"指沿自定义坐标系的指定轴缩放并调整面组。

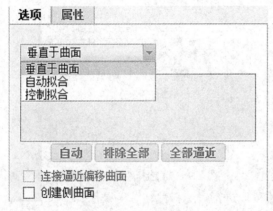

图 8-93　【选项】选项卡

(5) 单击 ✔ 按钮完成曲面偏移特征的创建，如图 8-94 所示。

图 8-94　完成曲面偏移特征的创建

除了上述的标准偏移方式之外，还有展开偏移、拔模偏移，其创建方式跟标准偏移类似，只是在设定【选项】选项卡时根据提示选取相应的类型。

7. 曲面移动

移动特征或几何是较为常见的操作。曲面移动是指曲面发生位置上的变化，曲面移动包括对曲面进行平移或旋转，或者对曲面进行平移或旋转复制。

创建曲面移动特征的基本步骤如下：

(1) 从图 8-95 所示的零件中选取要移动的曲面。

(2) 单击【模型】功能选项卡【操作】区域中的 复制按钮(快捷键 Ctrl+C)。

(3) 单击【模型】功能选项卡【操作】区域中的 粘贴 ▾ 下拉式按钮中的 选择性粘贴按钮，弹出【选择性粘贴】对话框，如图 8-96 所示。

图 8-95　选取要移动的曲面

图 8-96　【选择性粘贴】对话框

注意：独立曲面才可以进行"选择性粘贴"操作。

(4) 选中【选择性粘贴】对话框中的"对副本应用移动/旋转变换"复选框，单击【确定】按钮打开【移动(复制)】特征操控板，如图 8-97 所示。

图 8-97　【移动(复制)】特征操控板

(5) 默认选择【移动(复制)】特征操控板中的 ↔ 按钮。

- 选择 ↔ 按钮，沿选定参考平移特征。
- 选择 ↻ 按钮，相对选定参考旋转特征。

(6) 单击【移动(复制)】特征操控板上的方向参考收集器 无项 ，或者单击【变换】下滑面板中的方向参考收集器，选取如图 8-98 所示的平移方向参考平面。

(7) 在文本框中输入平移值为 30，按回车键，效果如图 8-98 所示。

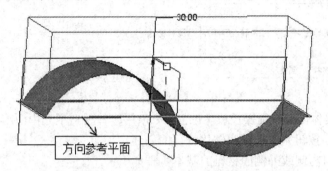

图 8-98　【移动(复制)】特征操控板

(8) 单击 ✔ 按钮完成曲面移动特征的创建，如图 8-99 所示。

图 8-99　完成曲面移动特征的创建

8. 曲面实体化

使用【实体化】工具可将曲面特征或面组几何转化为实体几何。我们也可以使用实体化特征添加、移除或替换实体材料。【实体化】工具提供了三种实体化特征类型选项：▢(用实体材料填充封闭曲面)、◿(移除面组内侧或外侧的材料)和 ⬒(用面组替换部分曲面)。

(1) 用实体材料填充封闭曲面的基本步骤如下：

① 从图 8-100 所示的零件中选取要实体化的封闭曲面特征或面组几何。

图 8-100　未实体化的封闭曲面

② 单击【模型】功能选项卡【操作】区域中的图标按钮 ⬒ 实体化，打开【实体化】特征操控板，如图 8-101 所示。

图 8-101　【实体化】特征操控板

② 选中【实体化】特征操控板上的 □ 按钮(用实体材料填充由面组界定的体积块)。

③ 单击 ✓ 按钮完成曲面实体化特征的创建。

(2) 移除面组内侧或外侧的材料的基本步骤如下:

① 从图 8-102 所示的零件中选取用来创建切口的曲面特征或面组几何。

图 8-102　选取用来创建切口的曲面

② 单击【模型】功能选项卡【操作】区域中的图标按钮 ⟋ 实体化,打开【实体化】特征操控板。

③ 选中【实体化】特征操控板上的 ⟋ 按钮(移除面组内侧或外侧的材料)。

④ 点击模型中显示的箭头改变箭头指向,即调整移除材料的方向。箭头调整为如图 8-103 所示的方向。

图 8-103　调整移除材料的方向

⑤ 单击 ✓ 按钮完成移除面组内侧或外侧的材料特征的创建,效果如图 8-104 所示。

图 8-104　完成移除材料特征的创建

(3) 用面组替换部分曲面的基本步骤如下:

① 从图 8-105 所示的零件中选取用来替换的曲面。

注意: 用来替换的曲面边线必须位于实体表面上。

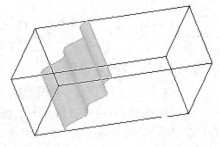

图 8-105　曲面替换实体表面

② 单击【模型】功能选项卡【操作】区域中的图标按钮 实体化,打开【实体化】特征操控板。

③ 选中【实体化】特征操控板上的 按钮(用面组替换部分曲面)。

④ 点击模型中显示的箭头调整替换方向,将保留箭头所指的部分。箭头调整为如图 8-106 所示的方向。

⑤ 单击 按钮完成用面组替换部分曲面特征的创建,效果如图 8-107 所示。

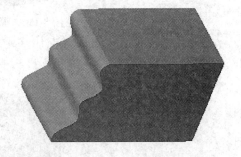

图 8-106　曲面替换实体表面　　　　　　图 8-107　曲面替换实体表面特征创建完成

9. 面加厚

使用【加厚】工具可将曲面转化为实体。

创建曲面加厚特征的基本步骤如下:

(1) 从图 8-108 所示的零件中选取要加厚的曲面。

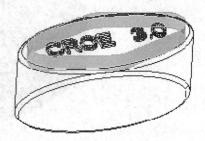

图 8-108　选取要加厚的曲面

(2) 单击【模型】功能选项卡【操作】区域中的图标按钮 加厚，打开【加厚】特征操控板，如图 8-109 所示。

图 8-109 【加厚】特征操控板

(3) 选中 按钮(用实体材料填充加厚的面组)和 按钮(从加厚的面组中移除材料)。

(4) 在"总加厚偏距值"文本框中输入厚度值为 3。

(5) 单击 按钮(反转结果几何的方向)，调整曲面加厚的方向，如图 8-110 所示。

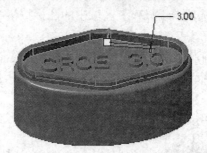

图 8-110 调整曲面加厚的方向

(6) 单击 或 按钮，曲面加厚预览效果如图 8-111 所示，再单击 或 按钮退出预览。

图 8-111 曲面加厚预览

(7) 选中 按钮(从加厚的面组中移除材料)，得到如图 8-112 所示的效果。

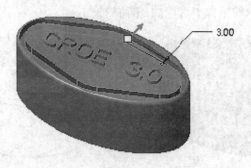

图 8-112 曲面加厚移除材料预览

(8) 单击 ✔ 按钮完成曲面加厚特征的创建，如图 8-113 所示。

图 8-113　完成曲面加厚特征的创建

10. 上机操作——鼠标外壳曲面建模

创建如图 8-114 所示的鼠标外壳曲面模型，了解并掌握曲面创建编辑的使用方法。

图 8-114　鼠标外壳曲面模型

鼠标外壳曲面模型创建的具体操作如下。

1) 创建混合曲线

(1) 打开 Creo 3.0 系统，新建一个【零件】设计环境。

(2) 单击【模型】功能选项卡【基准】区域中的草绘按钮 ，弹出【草绘】对话框，选取基准平面 TOP 作为草绘平面，使用默认参照即可。

(3) 单击【草绘】按钮，进入草绘模式。单击【设置】区域中的图标按钮 草绘视图，使草绘平面与屏幕平行，绘制如图 8-115 所示的草图，然后单击 ✔ 按钮完成草绘。

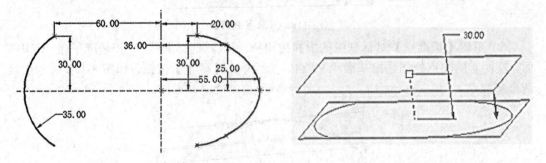

图 8-115　草绘曲线(1)　　　　　　　图 8-116　创建基准平面 DTM1

(4) 单击【模型】功能选项卡【基准】区域中的(基准平面)按钮 ，弹出【基准平面】对话框，选择 FRONT 面作为参照平面，输入偏距值为 30 mm，创建基准平面 DTM1，如图 8-116 所示。

(5) 单击【模型】功能选项卡【基准】区域中的草绘按钮 ，弹出【草绘】对话框，选取 DTM1 面作为草绘平面，使用默认参照即可。

(6) 单击【草绘】按钮，进入草绘模式。单击【设置】区域中的图标按钮 草绘视图，使草绘平面与屏幕平行，绘制如图 8-117 所示的草绘曲线，然后单击 ✔ 按钮完成草绘。

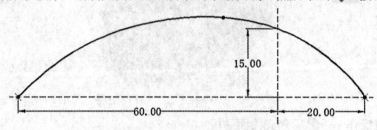

图 8-117　草绘曲线(2)

(7) 选取草绘曲线(2)，单击【模型】功能选项卡【编辑】区域中的图标按钮 镜像，选取基准面 FRONT 面作为镜像平面。镜像曲线如图 8-118 所示。

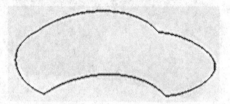

图 8-118　镜像曲线

(8) 单击【模型】功能选项卡【基准】区域中的图标按钮 点，弹出【基准点】对话框，按住 Ctrl 键选择曲线 1 和基准平面 RIGHT 面，在两者的交点处创建出基准点 PNTO，如图 8-119 所示。

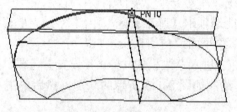

图 8-119　基准点 PNTO

(9) 单击【基准点】对话框中的图标按钮 新点，选择曲线 2 和基准平面 RIGHT 面，在两者的交点处创建出基准点 PNT1，然后单击【确定】按钮，如图 8-120 所示创建两个基准点。

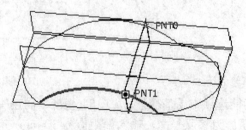

图 8-120　创建基准点

(10) 单击【模型】功能选项卡【基准】区域中的草绘按钮 ，弹出【草绘】对话框，选取 RIGHT 面作为草绘平面，使用默认参照即可。

(11) 单击【草绘】按钮进入草绘模式。单击【设置】区域中的图标按钮 草绘视图，使草绘平面与屏幕平行，绘制如图 8-121 所示的草绘曲线(曲线的端点分别与基准点 PNTO 和 PNT1 重合)，然后单击 按钮完成草绘。

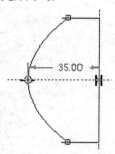

图 8-121　草绘曲线(3)

(12) 单击【模型】功能选项卡【基准】区域中的图标按钮 点，弹出【基准点】对话框，分别在如图 8-122 所示的曲线 1、曲线 2、曲线 3 与基准平面 FRONT 面的交点创建基准点 PNT2、PNT3 和 PNT4。创建的基准点如图 8-123 所示。

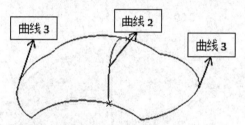

图 8-122　选取曲线与基准平面的交点

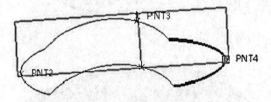

图 8-123　创建基准点

(13) 单击【模型】功能选项卡【基准】下拉列表中的图标按钮 曲线，打开【曲线：通过点】特征操控板，在绘图区中依次选取基准点 PNT2、PNT3、PNT4，然后单击 按钮完成通过点创建基准曲线，如图 8-124 所示。

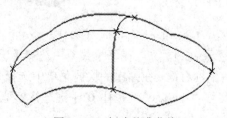

图 8-124　创建基准曲线

2) 创建边界混合曲面

(1) 单击【模型】功能选项卡【曲面】区域中的边界混合按钮 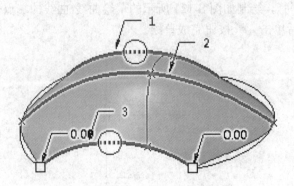，打开【边界混合】特征操控板，按住 Ctrl 键选取第一方向参照曲线 1、曲线 2 和曲线 3，如图 8-125 所示。

图 8-125　选取第一方向参照曲线

(2) 单击【边界混合】特征操控板上的第二方向链收集器，按住 Ctrl 键依次选取如图 8-126 所示的第二方向上的曲线 1、曲线 2 和曲线 3，然后单击操控板中 ✔ 按钮，完成边界混合曲面特征的创建，如图 8-127 所示。

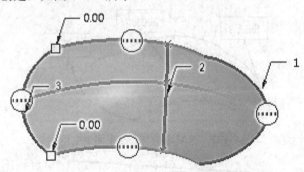

图 8-126　选取第二方向参照曲线

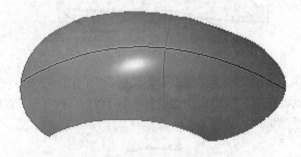

图 8-127　边界混合(1)

(3) 单击导航栏中的(显示)按钮 ，在下拉菜单中选择【层树】命令，打开【层树】导航栏窗口。在窗口中单击鼠标右键，在弹出的快捷菜单中选择【新建层】命令，弹出【层属性】对话框，输入新层名称 "shubiao"，按住 Ctrl 键选择模型树中创建的所有基准点和基准曲线并收集在该图层下，如图 8-128 所示。

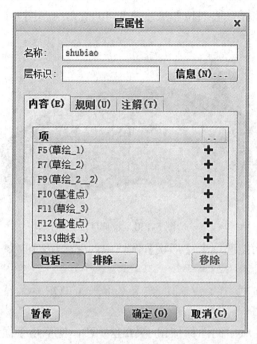

图 8-128　选择所有基准点和基准曲线

(4) 单击【层属性】对话框中的【确定】按钮，选取显示在层树窗口中的"shubiao"层，单击鼠标右键，在弹出的快捷菜单中选择【隐藏】命令，于是创建的基准点和样条曲线被隐藏。

(5) 单击导航栏中的(显示)按钮 📄 ▾，在下拉菜单中选择【模型树】命令，返回模型树。

3) 创建拉伸曲面

(1) 单击【模型】功能选项卡【形状】区域中的(拉伸)按钮 🔷，再单击【拉伸】特征操控面板上的(曲面)按钮 🔲。

(2) 单击模型树导航栏中的 ⬜ TOP (定义基准平面 TOP 面为草绘平面)，直接进入草绘模式。

(3) 单击【设置】区域中的图标按钮 🔁 草绘视图，使草绘平面与屏幕平行，绘制如图 8-129 所示的草绘曲线，然后单击 ✔️ 按钮退出草绘器。

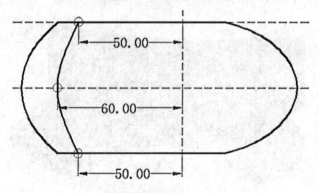

图 8-129　拉伸(1)草绘曲线

(4) 在【拉伸】操控板上输入拉伸深度值为 40 mm，确定拉伸方向，单击 ✔ 按钮，如图 8-130 所示。

图 8-130　拉伸(1)

(5) 单击【模型】功能选项卡【形状】区域中的(拉伸)按钮 📦，再单击【拉伸】特征操控板上的(曲面)按钮 ▭。

(6) 单击模型树导航栏中的 ▱ TOP (定义基准平面 TOP 面为草绘平面)，直接进入草绘模式。

(7) 单击【设置】区域中的图标按钮 📮草绘视图，使草绘平面与屏幕平行，绘制如图 8-131 所示的草绘曲线，然后单击 ✔ 按钮退出草绘器。

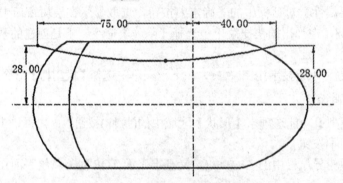

图 8-131　拉伸(2)草绘曲线

(8) 在【拉伸】操控板上输入拉伸深度值为 40 mm，按回车键，再确定拉伸方向，然后单击 ✔ 按钮，如图 8-132 所示。

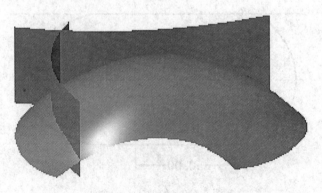

图 8-132　拉伸(2)

(9) 特征通过基准平面 FRONT 面镜像到另一侧，如图 8-133 所示。

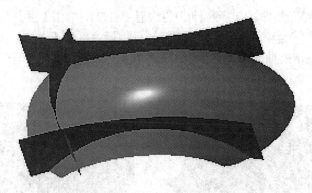

图 8-133　镜像曲面特征

(10) 单击【模型】功能选项卡【形状】区域中的(拉伸)按钮 🗁，再单击【拉伸】特征操控板上的(曲面)按钮 🗋。

(11) 单击模型树导航栏中的 ⧄ DTM1(定义基准平面 DTM1 面为草绘平面)，直接进入草绘模式。

(12) 单击【设置】区域中的图标按钮 🖳 草绘视图，使草绘平面与屏幕平行，绘制如图 8-134 所示的草绘曲线，然后单击 ✔ 按钮退出草绘器。

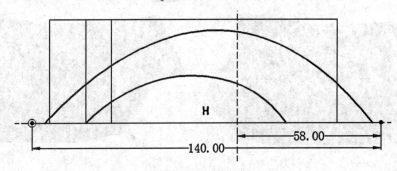

图 8-134　拉伸(3)草绘曲线

(13) 在【拉伸】操控板上输入拉伸深度值为 60 mm，按回车键，再确定拉伸方向，然后单击 ✔ 按钮，如图 8-135 所示。

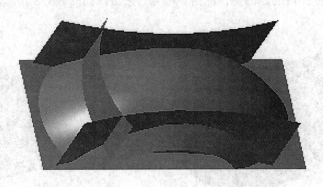

图 8-135　拉伸(3)

4) 合并曲面

(1) 按住 Ctrl 键在绘图区选择拉伸(3)与边界混合(1)，单击【模型】功能选项卡【编辑】区域中的图标按钮 🔲 合并，打开【合并】特征操控板；单击【合并】特征操控板上的图标按钮 ⚿，确定要保留的曲面侧，然后单击 ✔ 按钮，如图 8-136 所示。

图 8-136　合并(1)

(2) 按住 Ctrl 键在绘图区选择特征拉伸(1)与合并(1)，单击【模型】功能选项卡【编辑】区域中的图标按钮 🔲 合并，打开【合并】特征操控板；单击【合并】特征操控板上的图标按钮 ⚿，确定要保留的曲面侧，然后单击 ✔ 按钮，如图 8-137 所示。

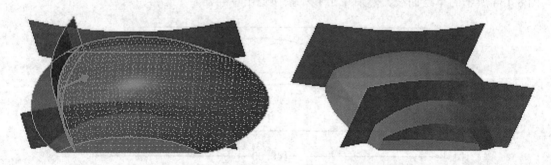

图 8-137　合并(2)

(3) 按住 Ctrl 键在绘图区选择特征拉伸(2)与合并(2)，单击【模型】功能选项卡【编辑】区域中的图标按钮 🔲 合并，打开【合并】特征操控板；单击【合并】特征操控板上的图标按钮 ⚿，确定要保留的曲面侧，然后单击 ✔ 按钮，如图 8-138 所示。

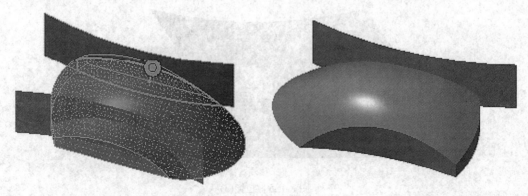

图 8-138　合并(3)

(4) 按住 Ctrl 键在绘图区选择特征拉伸(2)与合并(3)，单击【模型】功能选项卡【编辑】区域中的图标按钮 ⟳ 合并，打开【合并】特征操控板；单击【合并】特征操控板上的图标按钮 ⟋，确定要保留的曲面侧，然后单击 ✔ 按钮，如图 8-139 所示。

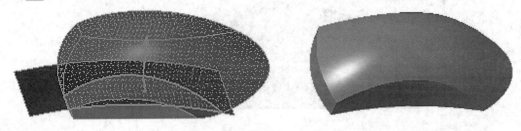

图 8-139　合并(4)

5) 修饰模型

(1) 选取合并(4)，单击【模型】功能选项卡【操作】区域中的图标按钮 ⟁ 加厚，打开【加厚】特征操控面板，在"总加厚偏距值"文本框中输入厚度值为 3 mm，然后单击 ✔ 按钮完成曲面加厚特征。

(2) 单击【模型】功能选项卡【工程】区域中的图标按钮 ⟍ 倒圆角，打开【倒圆角】特征操控板，选择倒圆角边，设置倒圆角半径为 3 mm，结果如图 8-140 所示。

图 8-140　倒圆角特征

6) 切割创建按键

(1) 单击【模型】功能选项卡【形状】区域中的(拉伸)按钮 ⬚，选择【拉伸】特征操控板上的(曲面)按钮 ⌓ 和(移除材料)按钮 ⟋。

(2) 单击模型树导航栏中的 ⟋ DTM1(定义基准平面 DTM1 面为草绘平面)，直接进入草绘模式。

(3) 单击【设置】区域中的图标按钮 ⟳ 草绘视图，使草绘平面与屏幕平行，绘制如图 8-141 所示的草绘剖面，然后单击 ✔ 按钮退出草绘器。

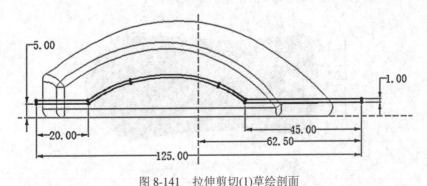

图 8-141　拉伸剪切(1)草绘剖面

(4) 在【拉伸】特征操控板上选择剪切类型为 ⧢⧢(穿透)，面组选取绘图区模型表面，调整好剪切方向，单击 ✔ 按钮，如图 8-142 所示。

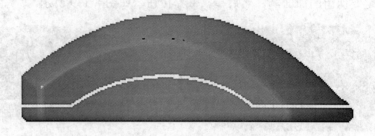

图 8-142　拉伸剪切(1)

(5) 单击【模型】功能选项卡【基准】区域中的(基准平面)按钮 ⧄，弹出【基准平面】对话框，选择 TOP 面作为参照平面，输入偏距值为 35 mm，创建基准平面 DTM2，如图 8-143 所示。

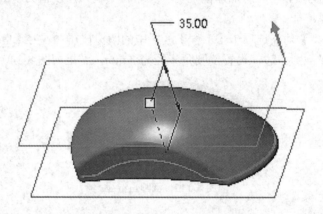

图 8-143　新建基准平面 DTM2

(6) 单击【模型】功能选项卡【形状】区域中的(拉伸)按钮 ⬚，选择【拉伸】特征操控板上的(曲面)按钮 ⬭ 和(移除材料)按钮 ⧄。

(7) 单击模型树导航栏中的 ⧄ DTM2(定义基准平面 DTM2 面为草绘平面)，直接进入草绘模式。

(8) 单击【设置】区域中的图标按钮 ⬚草绘视图，使草绘平面与屏幕平行，绘制如图 8-144 所示的草绘剖面，然后单击 ✔ 按钮退出草绘器。

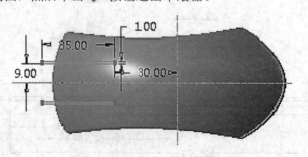

图 8-144　拉伸剪切(2)草绘剖面

(9) 在【拉伸】特征操控板上的文本框中输入剪切深度值为 30 mm，面组选取绘图区模型表面，调整好剪切方向，单击 ✔ 按钮，如图 8-145 所示。

图 8-145 拉伸剪切(2)

(10) 同切割创建按键的步骤(6)~(7)。

(11) 单击【设置】区域中的图标按钮 🔲 草绘视图 ，使草绘平面与屏幕平行，绘制如图 8-146 所示的草绘剖面，然后单击 ✔ 按钮退出草绘器。

图 8-146 拉伸剪切(3)草绘剖面

(12) 在【拉伸】特征操控板上的文本框中输入剪切深度值为 24 mm，面组选取绘图区模型表面，调整好剪切方向，单击 ✔ 按钮，如图 8-147 所示。

图 8-147 拉伸剪切(3)

习 题

1. 请用曲面建模的方法，创建图 8-148 所示的苹果造型。

图 8-148 苹果

苹果

2. 请用曲面建模的方法，创建图 8-149 所示的矿泉水瓶造型。

矿泉水瓶

图 8-149　矿泉水瓶

第9章　零件的装配

零件装配就是按照设计的技术要求实现零件和部件的连接，把机械零件或部件组合成机器，完成某一预定的功能。Creo 3.0 中，零件的装配是通过定义零件模型之间的位置约束来实现的，并可以对完成的装配体进行零件间的间隙和干涉分析，从而提高产品设计和效率。

本章将介绍如下内容：
(1) 零件装配的方法和步骤。
(2) 爆炸视图的创建与修改。
(3) 装配体的间隙与干涉分析。
(4) 机构装配。

9.1　装配概述和装配约束类型

零件的装配过程实际上就是一个零件相对于装配体中另一个零件的约束定位过程。根据零件的外形以及在装配体中的位置不同，选用合适的装配约束类型完成零件在装配体中的定位。

1. 装配概述

1) 装配的基本方法

本章介绍的装配体是通过约束向装配模型中增加零件(元件)来完成装配的。进入装配环境的步骤如下：

(1) 执行菜单【文件】下的【新建】命令或单击【快速访问】工具栏中的图标按钮。

(2) 在弹出的【新建】对话框中选择【装配】单选按钮，在【子类型】选项组下默认选择【设计】单选按钮，然后在"名称"文本框中输入装配文件名称，取消选中"使用默认模板"复选框，如图 9-1 所示。

(3) 单击【确定】按钮，弹出【新文件选项】对话框(如图 9-2 所示)，选择模板选项组中的 mmns-asm-design(公制)列表项，再单击【确定】按钮进入装配环境。

(4) 在装配环境中的主要操作是添加新元件。单击【模型】选项卡在元件区域的【组装】按钮，在弹出的【打开】对话框中选择要装配的元件名。

(5) 单击【打开】按钮进入新元件装配环境，弹出【元件放置】操控板，如图 9-3 所示，选取适当的装配约束类型，勾选退出完成元件装配。

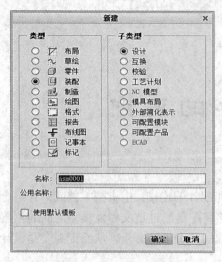

图 9-1　【新建】对话框

图 9-2　【新文件选项】对话框

图 9-3　【元件放置】操控板

2) 操作及说明

下面对【元件放置】操控板的部分功能进行说明。

(1)【放置】：该下滑面板可以指定装配体与新加元件的约束条件，并显示目前装配状况。

(2)【移动】：单击该选项卡，弹出如图 9-4(a)所示的下滑面板，利用该下滑面板可以移动正在装配的元件，使元件的放置更加方便。【移动】下滑面板上的【运动类型】下拉列表如图 9-4(b)所示。默认类型是"平移"，允许在平面范围内移动元件；"旋转"类型允许绕选定的参考轴旋转元件；"调整"类型允许调整元件位置；"定向模式"类型允许以元件的中心为旋转中心旋转元件。

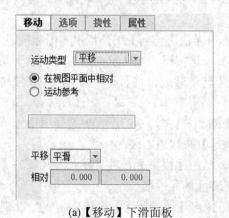

(a)【移动】下滑面板　　　　　　　　(b)【运动类型】下拉列表

图 9-4　【移动】选项卡

(3) 单击图标按钮⊕，弹出"3D 拖动器"，如图 9-5 所示。3D 拖动器可以用来重新定向新加入的元件，使新加入的元件更接近其装配位置，用户更容易选择元件的几何参考，从而辅助元件的装配工作。

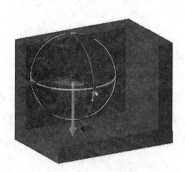

图 9-5　3D 拖动器

使用 3D 拖动器按以下所示定向新加入的元件。

① 绕三个轴旋转元件——单击鼠标左键按住着色弧并沿其方向拖动，模型将绕特定着色轴旋转元件。

② 沿三个轴平移元件——单击鼠标左键按住着色箭头并沿其方向拖动，模型将按特定着色轴方向平移元件。

③ 在 2D 平面中移动元件——单击半透明着色象限并在其中拖动，在该 2D 平面内移动元件。

④ 自由移动元件——单击轴原点的中央小球并拖动，自由移动元件。

注意：3D 拖动器的部分功能会因元件已设置约束导致自由度降低而灰显。

(4) 单击图标按钮▣，此时新加入的元件会显示在独立的窗口中，便于约束参考的选取，如图 9-6 所示。

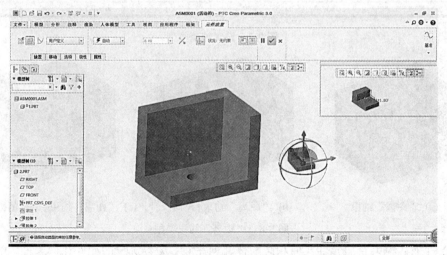

图 9-6　显示元件的两种窗口

(5) 单击图标按钮▣，此时新加入的元件和装配体显示在同一个窗口中，该按钮为默认选择状态，如图 9-6 所示。

2. 约束类型

Creo 3.0 提供了 11 种约束类型，用于装配元件。在【元件放置】操控板中单击【放置】选项卡，弹出【放置】下滑面板，如图 9-7 所示。在【约束类型】下拉列表中选取相应的约束类型。

各类装配约束的定义如下：

(1) 自动：默认的约束条件。系统会依照所选取的几何特征自动选取合适的约束条件，适合较简单的装配。

(2) 距离：约束新加元件几何和装配体几何以一定的距离偏移。如果选择的几何为面，"偏移"下拉列表中可输入偏移值以确定两个面偏移的距离，如图 9-8(a)所示；单击【反向】按钮，可反向元件面的法线方向，如图 9-8(b)所示；偏移值为 0 时，两个面重合，如图 9-8(c)所示。

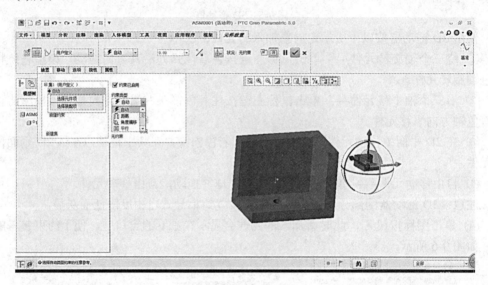

图 9-7　设置约束类型

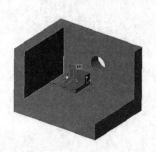  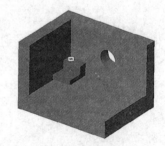

(a) "距离"约束　　(b) "距离"约束+反向　　(c) "距离"约束+偏移值为 0

图 9-8　"距离"约束类型

(3) 平行：约束新加元件几何和装配体几何平行。如果选择的元件几何为面，单击【反向】按钮，可反向元件面的法线方向。

(4) 重合：约束新加元件几何和装配体几何重合。如果选择的元件几何为面，单击【反向】按钮，可反向元件面的法线方向。

(5) 角度偏移：使新加元件几何与装配元件几何成一定角度。通常会在"重合"约束部分限制元件之后使用"角度偏移"约束，如图 9-9 所示。

(6) 法向：使新加元件几何与装配元件几何垂直。

(7) 共面：使新加元件几何与装配元件几何共面。

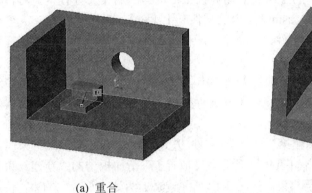

(a) 重合	(b) 角度偏移

图 9-9 "角度偏移"约束

(8) 居中：可将新加元件几何与装配元件几何同心，如图 9-10 所示。

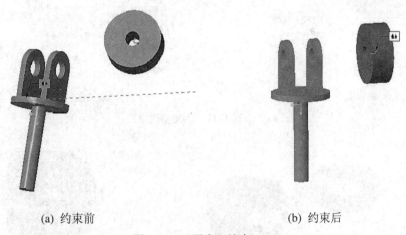

(a) 约束前	(b) 约束后

图 9-10 "居中"约束

(9) 相切：使新加元件几何与装配元件几何指定的曲面相切。

(10) 固定：使新加元件固定到当前位置。

(11) 默认：使新加元件坐标系与装配元件坐标系对齐。

9.2 零件装配的步骤

各零件模型创建后，根据设计要求把它们装配成为一个部件或产品。操作步骤如下：

(1) 单击【文件】工具栏中的【新建】图标按钮。

(2) 在弹出的【新建】对话框中选中【装配】单选按钮，在【子类型】选项组下选中

【设计】单选按钮，然后在"名称"文本框中输入装配文件名称 9-1，取消"使用默认模板"复选框。

(3) 单击【确定】按钮，弹出【新文件选项】对话框，选择模板选项组中的列表项 mmns_asm_design，再单击【确定】按钮进入装配环境。

(4) 单击【元件】工具栏中的【组装】图标按钮，在弹出的【文件打开】对话框中选择要装配的第一个元件(文件夹 9_asm\9_1 内的文件 9_1_1.prt)。

注意：第一个元件又称主体零件，是整个装配体中最为关键的元件，要确保在设计工作中不会删除这个元件。

(5) 单击【装配】操控板上的【放置】选项卡，在弹出的【放置】下滑面板中选取适当的装配约束类型，选取"默认"约束，使新元件坐标系与装配组件坐标系对齐，勾选退出完成第一个元件的装配。

(6) 重复以上两步操作，装配第二个元件(文件 9_1_2.prt)。在选取装配约束时，如需要两个以上的约束条件，则单击如图 9-11 所示的【放置】下滑面板中的"新建约束"选项添加新的约束，使新加元件完全约束。如图 9-12 所示，添加两处"重合"约束，使第二个元件完全约束。

(a) 添加面"重合"约束　　　　　　(b) 添加圆柱面"重合"约束

图 9-11　添加新约束

(a) 添加面"重合"约束的元件　　　(b) 添加圆柱面"重合"约束的元件

图 9-12　第二个元件完全约束

(7) 重复以上步骤，装配下一个元件，直至所有元件装配完成。

9.3　装配中零件的修改

在机器或部件的装配过程中，经常会根据装配关系修改零件的尺寸或结构形状。下面分别介绍在装配体中修改零件的尺寸和零件结构形状的方法。

1. 装配中修改零件尺寸

操作步骤如下：

(1) 打开准备修改的装配文件 disuzhou.asm(位于文件夹 9_asm\9_2 中)，结果如图 9-13 所示。

(2) 在模型树中选中要修改的元件(此处以轴 disuzhou.prt 为例)，单击鼠标右键，在弹出的快捷菜单中选取"激活"选项，将该元件激活。

(3) 在模型空间双击该元件的特征将显示特征尺寸，如图 9-14 所示。

(4) 双击要修改的尺寸，将原来的尺寸改为所需要的尺寸，按回车键；再单击【操作】面板中的【重新生成】图标按钮，结果如图 9-15 所示。

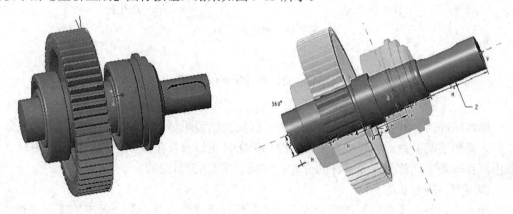

图 9-13　装配体图　　　　　　　　　　　　　图 9-14　显示特征尺寸

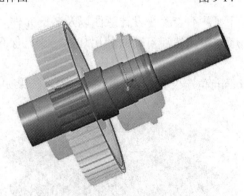

图 9-15　修改尺寸后的元件

(5) 在模型树中选中装配体，单击鼠标右键，在弹出的快捷菜单中选取"激活"选项，所有元件亮显，即可组装新的装配元件。

2. 装配中修改零件结构

操作步骤如下：

(1) 打开文件 9_1.asm(位于文件夹 9_asm\9_1 中)。

(2) 在模型树中选中要修改的元件，单击鼠标右键，在弹出的快捷菜单中选择"打开"或"激活"选项，系统进入该元件模型空间。

(3) 单击【倒角】图标按钮，选取需要倒角的边，并输入倒角尺寸为 2，完成倒角特征创建。

(4) 保存元件的修改，然后关闭零件模式窗口回到组件窗口，结果如图 9-16 所示。

　　　　(a) 修改前　　　　　　　　　　　　　　(b) 修改后

图 9-16　修改尺寸的元件

9.4　爆炸图的创建

爆炸图即为分解视图，就是把装配图分解来表达装配体中各部分元件的位置关系以及相互之间的装配关系。系统根据装配体的约束条件可以直接生成默认的爆炸图，用户也可以根据自身需求调整各部分零件的位置，完成自定义的爆炸图。

调用命令的方式如下：

功能区，单击【模型】选项卡或【视图】选项卡【模型显示】面板中的【管理视图】图标按钮。

爆炸图仅影响装配件外观，不会改变设计意图以及装配元件之间的实际距离。用户可以为每个装配件定义多个爆炸图，然后可随时使用任意一个已保存的爆炸图。

操作步骤如下：

(1) 打开文件 jiansuqi.asm(位于文件夹 9_asm\9_3 中)，结果如图 9-17 所示。

减速器

图 9-17　减速器装配体

(2) 单击【模型】选项卡【模型显示】面板中的【管理视图】图标按钮，打开【视图管理器】对话框，如图 9-18 所示。

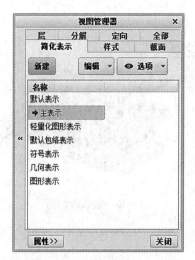

图 9-18 【视图管理器】对话框

(3) 单击【分解】选项卡，如图 9-19(a)所示。

　　(a) 默认分解　　　　　　(b) 自定义分解　　　　(c) 显示操作图标按钮

图 9-19 【分解】选项卡

注意:

① 如果双击【名称】列表框中的【默认分解】,则生成系统默认爆炸图,效果如图 9-20 所示。

② 单击【模型】选项卡【模型显示】面板中的【分解图】图标按钮,生成或取消系统默认爆炸图。

(4) 单击【分解】选项卡上的【新建】按钮,将会出现爆炸图的默认名称,输入一个新名称(如"自定义分解"),按回车键,如图 9-19(b)所示。该爆炸图处于活动状态。

(5) 单击【属性】按钮,将会显示操作图标按钮,如图 9-19(c)所示。

(6) 单击【编辑位置】图标按钮⚒,弹出【分解工具】操控板(如图 9-21 所示),设置装配体中各元件的分解位置。

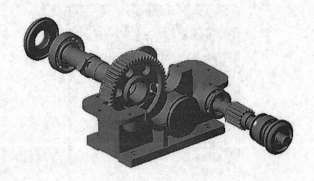

图 9-20　默认爆炸图

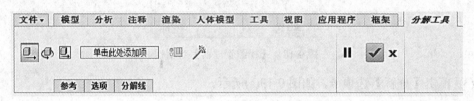

图 9-21　【分解工具】操控板

①　单击【平移】图标按钮，在画图区分别选取要移动的元件(螺钉和滑动钳身)，利用 3D 拖动器将元件移动至适当位置，结果如图 9-22 所示。

②　单击【选项】选项卡，弹出【选项】下滑面板。在【选项】下滑面板上单击【复制位置】按钮，弹出【复制位置】对话框，单击选取要移动的元件(护口板)，然后单击【复制位置】对话框中的"单击此处添加项"收集器，再单击复制位置的元件(滑动钳身)，最后依次单击【应用】按钮和【关闭】按钮，结果如图 9-23 所示。

图 9-22　平移元件　　　　　　　　　　图 9-23　复制元件

③　重复以上两种动作，可将减速器各元件按装配线路分解至相应位置，如图 9-24 所示。

④　单击勾选关闭【分解工具】操控板，回到【视图管理器】对话框。

(7)　单击图标按钮 «… 返回【名称】列表。

(8)　单击【编辑】下拉菜单中的【保存】按钮，弹出【保存显示元素】对话框。

图 9-24 自定义的减速器爆炸图

(9) 单击【确定】按钮。

(10) 单击【关闭】按钮。

【分解工具】操控板的操作及选项说明如下：

(1) 元件的运动类型和位置切换。

元件分解时运动的类型包括：

① 线性移动选定的元件；

② 绕指定移动参考旋转选定的元件；

③ 沿装配的当前方向平行于屏幕移动选定的元件；

④ 在选定元件的原始位置和当前位置之间切换。

(2) 元件运动参考的选择。

单击【参考】选项卡弹出【参考】下滑面板，再单击【移动参考】收集器，为元件选取平移或旋转的运动参考。系统提供了直线边、轴、坐标轴、平面法线或两个点等移动参考收集方法，以确定元件平移运动的方向或者元件旋转的中心。

注意：如果要移除已选择的参考，单击【参考】下滑面板【移动参考】收集器中的参考，单击鼠标右键，在弹出的快捷菜单中单击"移除"选项。

(3) 元件的复制位置和分解运动方式。

单击【选项】选项卡弹出【选项】下滑面板，再单击【复制位置】按钮弹出【复制位置】对话框，可将元件放置在系统默认的相对位置上。

要设定元件的运动方式，可单击【选项】下滑面板的【运动增量】下拉列表，"光滑"选项表示连续移动元件。其他选项表示以"1""5"或"10"的步距移动元件，非连续运动。

9.5 间隙与干涉分析

1. 间隙分析

对装配体进行的间隙分析分为两类：配合间隙和全局间隙。配合间隙分析两个相互配合的零件之间的间隙；而全局间隙则是对整个装配体进行间隙分析，它需要设定一个参考间隙，系统将分析出所有不超出该设定值的间隙所在位置。

调用命令的方式如下：

功能区，单击【分析】选项卡【检查几何】面板中的【全局间隙】或【配合间隙】图标按钮。

1) 全局间隙分析

操作步骤如下：

(1) 打开文件 jiansuqi.asm。

(2) 调用【全局间隙】命令，弹出【全局间隙】对话框。

(3) 在【全局间隙】对话框的"间隙"文本框中输入间隙值"1"。

(4) 单击【预览】图标按钮，计算分析结果将显示在信息框中。

(5) 单击【全部显示】按钮，在绘图区显示所有不超出该设定值的间隙所在位置，再单击【清除】按钮，绘图区将消除所有显示。

(6) 单击【确定】按钮结束操作。

2) 配合间隙分析

操作步骤如下：

(1) 打开文件 jiansuqi.asm。

(2) 调用【配合间隙】命令，弹出【配合间隙】对话框。

(3) 分别选取产生间隙的两个面或一条线和一个面，绘图区显示装配零件之间的间隙值。

(4) 单击【确定】按钮，结束操作。

2. 干涉分析

干涉分析可以帮助设计者检验分析装配体中零件间的干涉状况。

调用命令的方式如下：

功能区，单击【分析】选项卡【检查几何】面板中的【全局干涉】图标按钮。操作步骤如下：

(1) 打开文件 jiansuqi.asm。

(2) 调用【全局干涉】命令，弹出【全局干涉】对话框。

(3) 单击【预览】图标按钮，计算分析结果将显示在信息框中。

(4) 单击【全部显示】按钮，在绘图区显示所有零件间发生干涉所在的位置，再单击【清除】按钮，绘图区将消除所有显示。

(5) 单击【确定】按钮结束操作。

9.6　零件装配范例

零件装配的基本步骤如下：

(1) 启动 Creo 3.0，单击【新建】选择【装配】→【设计】，修改文件名，选用公制模板，然后单击【确定】按钮进入零件装配模式。

(2) 在零件装配模式下，单击【元件】工具栏中的【组装】按钮，调入起始零件，然后按照同样的方法调入要装配的第二个零件。

(3) 根据实际装配需求定义零件间的装配关系。

(4) 再次执行(2)与(3)，直到完成装配。

(5) 保存装配文件。

下面通过低速轴组件来熟悉零件装配的一般过程和方法。复制文件夹 9_asm\9_2，并将其设置为工作目录。装配好的低速轴组件模型如图 9-25 所示。

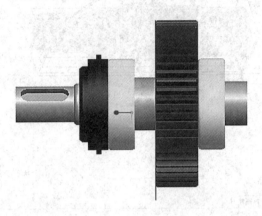

图 9-25　低速轴组件模型

1. 建立新文件

(1) 单击【文件】→【新建】选项，弹出【新建】对话框，选择【类型】为"装配"，【子类型】为"设计"，在"名称"文本框内输入名称"disuzhou"。

(2) 取消"使用默认模板"复选框的勾选，单击【确定】按钮，如图 9-26 所示。

(3) 弹出【新文件选项】对话框，在其中选择"mmns_asm_design"，如图 9-27 所示，单击【确定】按钮。

图 9-26　新建装配界面

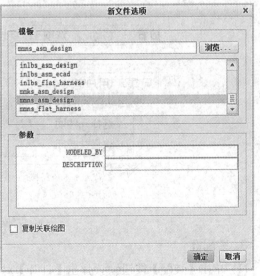

图 9-27　【新文件选项】对话框

2. 装配低速轴

(1) 单击【装配】按钮，弹出【打开】对话框，在该对话框中选择作为装配本体的零件"disuzhou.prt"，然后单击【打开】按钮。此时，低速轴零件出现在主窗口(如图 9-28 所示)，并且弹出【装配】特征操控板，如图 9-29 所示。

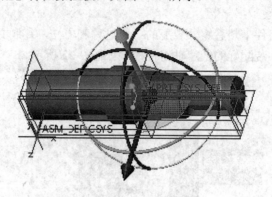

图 9-28　装配低速轴零件

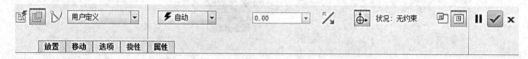

图 9-29　【装配】特征操控板

(2) 打开操控板上第二个下拉菜单，或者单击【放置】按钮并打开【约束类型】下拉列表，选择"固定"选项，如图 9-30 所示。于是，作为装配本体的低速轴零件被固定在当前位置。

(3) 在【装配】操控板上单击完成按钮，完成低速轴零件模型的放置。

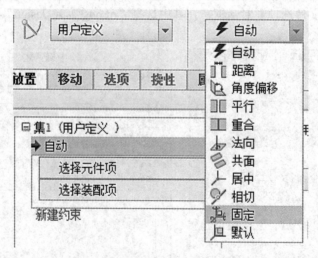

图 9-30　"固定"约束

3. 装配键

(1) 单击【装配】按钮，弹出【打开】对话框，在该对话框中选择键零件"jian.prt"，然后单击【打开】按钮。此时，在当前窗口中同时显示低速轴和键零件，如图 9-31 所示。

在这里，也可以单击【独立窗口】按钮，此时键零件显示在一个独立的窗口中显示，如图 9-32 所示。

图 9-31　装配键零件

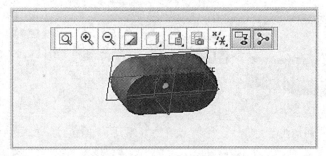

图 9-32　独立显示窗口

(2) 在【装配】操控板中单击"放置"选项，在【约束类型】下拉列表中选择"重合"选项，分别在低速轴和键上选取两个面作为匹配参照面，如图 9-33 所示。

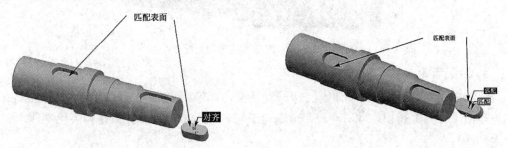

图 9-33　底面重合　　　　　　　　　　　　图 9-34　侧面重合

(3) 此时，在【装配】操控板上显示的是"部分约束"。在【集 3(用户定义)】选项中单击【新建约束】，在【约束类型】中选择"重合"选项，然后选择另外两个匹配侧面，分别如图 9-34 和图 9-35 所示。

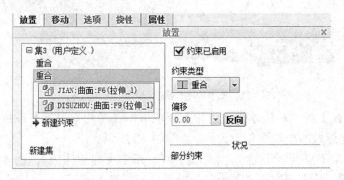

图 9-35　"重合"约束

(4) 此时，在【装配】操控板上仍显示"部分约束"。在【集(用户定义)】选项中单击【新建约束】，在【约束类型】中选择"相切"选项，然后选择另外两个相切曲面，如图 9-36 所示。

(5) 此时，在【装配】操控板上显示"完全约束"。【放置】选项卡的内容如图 9-37 所示。

(6) 在【装配】操控板上单击完成按钮✔，完成键与低速轴的装配，效果如图 9-38 所示。

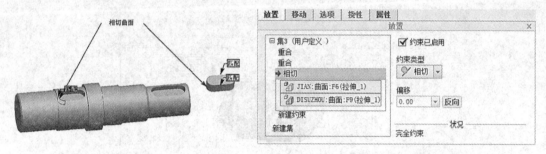

图 9-36　相切曲面　　　　　　　　　　　图 9-37　"相切"约束

图 9-38　键与低速轴的装配

4. 装配齿轮

(1) 单击【装配】按钮🔗，弹出【打开】对话框，在该对话框中选择齿轮零件"chilun.prt"，然后单击【打开】按钮。此时，在当前窗口中同时显示低速轴与键组件和齿轮零件，如图 9-39 所示。

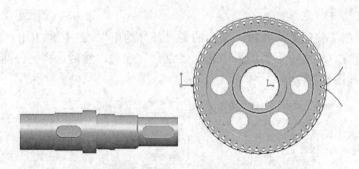

图 9-39　装配齿轮零件

(2) 在【装配】操控板中单击【放置】选项卡，在【约束类型】下拉列表中选择"重合"选项，分别选取两个端面作为参照，如图 9-40 所示。

(3) 在【装配】操控板上显示"部分约束"。单击【新建约束】，在【约束类型】中选择"重合"选项，分别选取两个侧面作为参照，如图 9-41 所示。

图 9-40 匹配端面

图 9-41 匹配侧面

(4) 此时，在【装配】操控板上仍显示"部分约束"。接着单击【新建约束】，在【约束类型】中选择"重合"选项，分别选取两个轴线法向面作为参照，如图 9-42(a)所示。

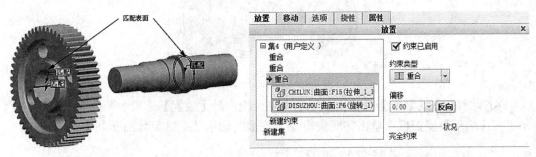

(a) 选取匹配表面   (b)【放置】选项卡设置

图 9-42 选取匹配表面和【放置】选项卡设置

(5) 在【装配】操控板上显示"完全约束"。【放置】选项卡的内容如图 9-42(b)所示。设置在【装配】操控板上单击完成按钮✔，完成的齿轮装配效果如图 9-43 所示。

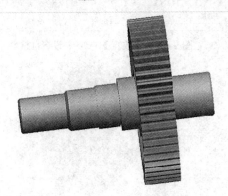

图 9-43 齿轮的装配

5. 装配轴承

(1) 单击【装配】按钮📇，弹出【打开】对话框，在该对话框中选择轴承零件"zhoucheng.prt"，再单击【打开】按钮。此时，在当前窗口中显示轴承，如图 9-44 所示。

(2) 在【装配】操控板中单击【放置】按钮，在【约束类型】下拉列表中选择"重合"选项，分别选取两根轴线作为参照，如图 9-45 所示。

图 9-44　装配轴承零件

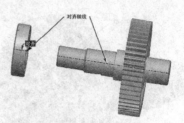
图 9-45　选取对齐轴线

(3) 此时，在【装配】操控板上显示"部分约束"。单击【新建约束】，在【约束类型】中选择"重合"选项，分别选取两个面作为参照，如图 9-46 所示。

图 9-46　选取匹配表面(1)

(4) 此时，在【装配】操控板上显示"完全约束"。【放置】选项卡的内容如图 9-47 所示。在【装配】操控板上单击完成按钮✔，完成的轴承装配效果如图 9-48 所示。

图 9-47　【放置】选项卡设置(1)

图 9-48　轴承的装配

6. 装配套筒

(1) 单击【装配】按钮📧，弹出【打开】对话框，在该对话框中选择套筒零件"zhoutao.prt"，再单击【打开】按钮。此时，在当前窗口中显示套筒，如图 9-49 所示。

(2) 在【装配】操控板中单击【放置】选项卡，在【约束类型】下拉列表中选择"重合"选项，分别选取两个参照曲面，如图 9-50 所示。

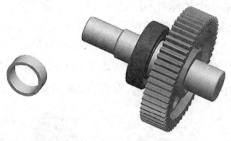

图 9-49 套筒零件

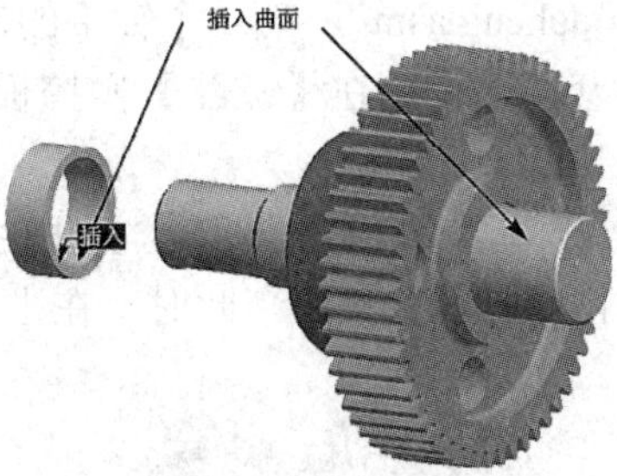

图 9-50 "重合"约束

(3) 此时，在【装配】操控板上显示"部分约束"。单击【新建约束】，在【约束类型】中选择"重合"选项，分别选取两个侧面作为参照，如图 9-51 所示。

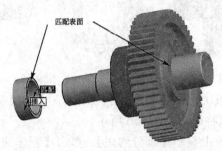

图 9-51 选取匹配表面(2)

(4) 此时，在【装配】操控板上显示"完全约束"。【放置】选项卡的内容如图 9-52 所示。在【装配】操控板上单击完成按钮，完成的套筒装配效果如图 9-53 所示。

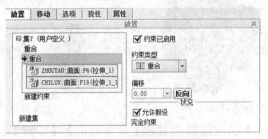

图 9-52 【放置】选项卡设置(2)

图 9-53 套筒的装配

7. 装配轴承和轴承端盖

(1) 单击【装配】按钮，弹出【打开】对话框，在该对话框中再次选择轴承零件

"zhoucheng.asm"，第二个轴承的安装方法与第一个轴承相同，安装在低速轴的另一端，并与套筒贴合。在【装配】操控板上单击完成按钮✔，完成的第二个轴承装配效果如图9-54所示。

(2) 单击【装配】按钮🖼，弹出【打开】对话框，在该对话框中选择端盖零件"duangai.prt"，再单击【打开】按钮。此时，在当前窗口中显示轴承端盖零件，如图9-55所示。

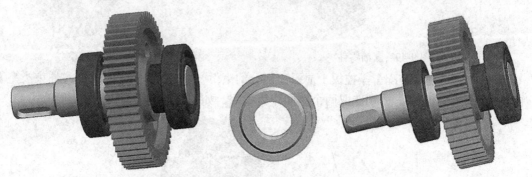

图 9-54　第二个轴承的装配　　　　　　　　　图 9-55　轴承端盖零件

(3) 在【装配】操控板中单击【放置】选项卡，在【约束类型】下拉列表中选择"重合"选项，分别选取两根轴线，如图9-56所示。

(4) 在【装配】操控板上显示【部分约束】。单击【新建约束】，在【约束类型】中选择"重合"选项，分别选取两个侧面作为参照，如图9-57所示。

图 9-56　选取对齐轴线　　　　　　　　　　图 9-57　选取匹配表面

(5) 此时，在【装配】操控面板上显示【完全约束】。【放置】选项卡的内容如图9-58所示。在【装配】操控板上单击完成按钮✔，完成的低速轴组件的装配效果如图 9-59所示。

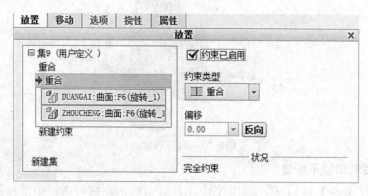

图 9-58　【放置】选项卡设置

图 9-59　低速轴组件的装配

9.7　机构装配实例

四杆机构

1. 四杆机构的装配实例

为了让读者了解机构分析的基本步骤，产生对机构运动分析的初步整体印象，这里先介绍一个典型的机构运动实例。该实例将构造一个连杆装置，并对其进行机构运动分析。

复制文件夹 9_asm\9_4，并将其设置为工作目录。下面是该实例的具体操作步骤。

(1) 建立组件文件并创建用来定位连杆的轴线。

① 单击 按钮，打开【新建】对话框。在【类型】选项组中选择【装配】选项，在【子类型】选项组中选择【设计】选项，输入组件名称为 siganjigou，取消勾选"使用缺省模板"复选框，单击【确定】按钮。

② 选择弹出的【新文件选项】对话框中的 mmns_asm_design，单击【确定】按钮。

③ 打开【模型树】的设置下拉菜单，在【树过滤器】中增加显示"特征"及"放置文件夹"项目。

④ 单击基准轴工具按钮 ，弹出【基准轴】对话框，按住 Ctrl 键选择 ASM_RIGHT 基准平面和 ASM_TOP 基准平面作为参照，单击【确定】按钮，在这两个平面的相交处建立一个基准轴 AA_1。

⑤ 再次单击 按钮，弹出【基准轴】对话框，选择如图 9-60 所示的参考和偏移参考，单击【确定】按钮，即在 ASM_TOP 基准平面上创建了基准轴 AA_2，该基准轴距离基准轴 AA_1 为 50 mm。

图 9-60　建立基准轴 AA_2

(2) 连接装配。

① 单击【模型】功能选项卡【元件】区域中的(将元件添加到装配)按钮 ，弹出【打开】对话框，选择零件文件 1.PRT，单击【打开】按钮。

② 在【元件放置】特征操控板的【预定义集】列表框(即第一个下拉菜单)中选择"销"选项，接着进入【放置】下滑面板。选择组件中的 AA-1 基准轴和 1.PRT 元件的 A-4 轴，接着选择组件的 ASM-FRONT 基准轴平面和 1.PRT 元件的 DTM3 基准平面，如图 9-61 所示。

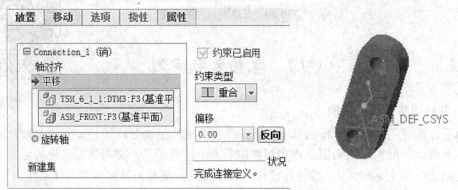

图 9-61　定义销钉连接

单击操控面板中的完成按钮 。

③ 单击【模型】功能选项卡【元件】区域中的按钮(将元件添加到装配) ，弹出【打开】对话框，选择零件文件 2.PRT，再单击【打开】按钮。

④ 在【元件放置】操控板的【预定义集】列表框中选择"销"选项，打开【放置】下滑面板。选择组件中 1.PRT 的 A-3 轴和元件 2.PRT 的 A-4 轴，接着选择组件中 1.PRT 元件的 DTM3 基准平面和 2.PRT 元件的 DTM3 基准平面，单击完成按钮 ，此时组件如图 9-62 所示。

图 9-62　组件

⑤ 单击【模型】功能选项卡【元件】区域中的(将元件添加到装配)按钮 ，弹出【打开】对话框，选择零件文件 3.PRT，再单击【打开】按钮。

⑥ 在【元件放置】操控板的【预定义集】列表框中选择【销】选项，打开【放置】下滑面板。选择组件中 2.PRT 的 A-3 轴和元件 3.PRT 的 A-3 轴，接着选择组件中 2.PRT 元件的 DTM3 基准平面和元件 3.PRT 的 DTM3 基准平面，完成该连接定义。

⑦ 在【放置】下滑面板中单击【新建集】，增加一个"销"连接，选择组件中的 AA-2 基准轴和元件 3.PRT 的 A-4 轴，接着选择组件中的 ASM-FRONT 基准平面和元件 3.PRT 的 DTM3 基准平面，单击完成按钮✔，完成的连接装配效果如图 9-63 所示。

(3) 定义伺服电动机。

① 从菜单栏中选择【应用程序】→【机构】命令，此时在连杆组件模型中显示出销钉连接的图标，如图 9-64 所示。

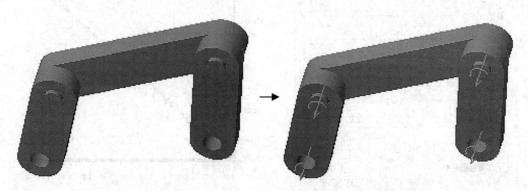

　　　图 9-63　连接装配效果　　　　　　　　　　　图 9-64　进入机构模式

② 单击 ◯ 按钮，打开如图 9-65 所示的【伺服电动机定义】对话框。

③ 接受默认的名称为 ServoMotor1，选择图 9-66 中左下角的连接轴。

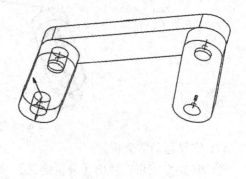

　　图 9-65　【伺服电动机定义】对话框　　　　　　图 9-66　选择连接轴

说明：

在软件窗口中，默认时，运动方向有洋红色箭头显示，驱动图元(主体 1)以橙色加亮，参考图元(主体 2)以绿色加亮。单击【伺服电机定义】对话框中的【反向】按钮，可以反转伺服电动机的运动方式。

④ 单击【轮廓】标签进入【轮廓】选项卡，在【模】选项组中选择"斜坡"选项，设置 A 值为 50，B 值为 20，如图 9-67 所示。

⑤ 在【图形】选项组中单击(绘制所选电动机轮廓线对于时间的图形)按钮 ，打开如图 9-68 所示的【图形工具】窗口，以图形的形式描述特定的驱动参数，最后关闭该图形窗口。

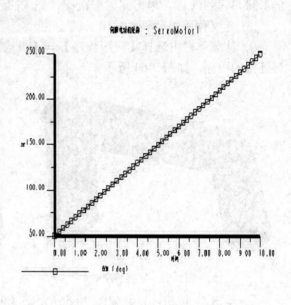

图 9-67　定义参数　　　　　　　　　图 9-68　【图形工具】窗口

⑥ 在【伺服电动机定义】对话框中单击【应用】按钮，再单击【确定】按钮，此时连杆组件模型如图 9-69 所示。

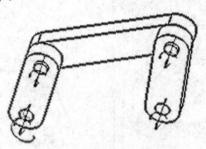

图 9-69　连杆组件模型

(4) 定义运动学分析。

① 单击 按钮，弹出【分析定义】对话框。

② 接受默认的运动名称为 AnalysisDefinition1，在【类型】选项组的列表框中选择"运动学"选项。

③ 在【首选项】选项卡上选择"长度和帧频"选项，设置开始时间为 0，结束时间为 20。该选项卡上的其他选项如图 9-70 所示。

④ 切换到【电动机】选项卡，可以看到之前建立的伺服电动机 ServoMotor1 作为动力源，如图 9-71 所示。

⑤ 单击【运行】按钮，机构便在伺服电动机的作用下运动起来，整个运动过程所持续的时间为起始时间到结束时间。图 9-72 所示是在这段运动期间的一幅截图。

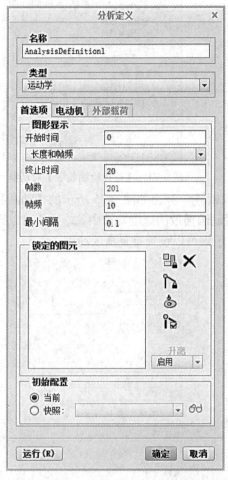

图 9-70 【分析定义】对话框   图 9-71 选择动力源

图 9-72 运动截图

⑥ 单击【确定】按钮。

(5) 回放之前运行的分析。

① 单击 ◀▶ 按钮，打开如图 9-73 所示的【回放】对话框。

② 单击【碰撞检测设置】按钮，打开【碰撞检测设置】对话框。利用该对话框可以设置无碰撞检测、全局碰撞检测和部分碰撞检测，如图 9-74 所示。这对检查机构运动时的干涉情况十分有用。

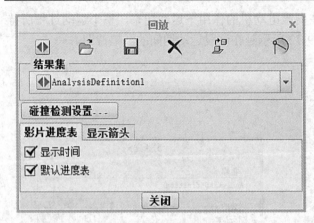

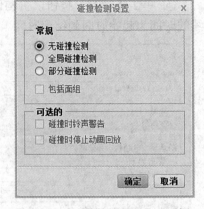

图 9-73　【回放】对话框　　　　　　　图 9-74　【碰撞检测设置】对话框

③ 单击【回放】对话框的(播放当前结果集)按钮 ◀▶，弹出如图 9-75 所示的【动画】对话框。在该对话框中，通过拖动滑块的方式设置动画播放的速度，选中 ⟷ 按钮可以设置在结束处反转方向的形式播放动画，选择 ⟲ 按钮则可以设置重复播放动画。

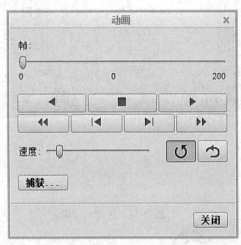

图 9-75　【动画】对话框　　　　　　图 9-76　【捕获】对话框

④ 单击【捕获】按钮，弹出如图 9-76 所示的捕获对话框。从【类型】选项组中可以指定以 MPEG、JPEG、TIFF 或 BMP 格式保存录制结果。

2. 凸轮机构装配实例

凸轮副机构是一种常见的机械机构。每个凸轮只能有一个从动机构，如果要为一个具有多从动机构的凸轮建模，则必须为每个新的连接副定义新的凸轮从动机构连接，必要时可以为各连接的其中一个凸轮选取相同的几何参照。

在机构模式中，单击【机构】功能选项卡【连接】区域中的(凸轮)按钮 ，打开如图 9-77 所示的【凸轮从动机构连接定义】对话框。定

凸轮机构

义凸轮从动定义机构连接需要两个凸轮,分别利用【凸轮 1】和【凸轮 2】选项卡来定义。

在【凸轮 1】选项卡上单击【曲面/曲线】选项组中的 按钮后,需要在第一主体上选取曲面或者曲线来定义第一个凸轮。单击【反向】按钮,则反转凸轮曲面的法向。如果为其中一个凸轮选取了曲面或平面,可以使用【深度显示设置】选项组中的选项和选择有效参照来定义凸轮深度和更改凸轮的直观显示等。可供选择的【深度显示设置】下拉菜单选项有"自动""前面和后面""前面、后面和深度""Center&Depth(中心和深度)"和"Depth(深度)"。在【凸轮 2】选项卡上也有类似设置。

切换到【属性】选项卡,如图 9-78 所示。选中"启用升离"复选框和"摩擦"复选框时,可以设置凸轮副机构的一些较为重要的参数,如恢复系数 e、静摩擦因数 μ_s 和动摩擦因数 μ_k。

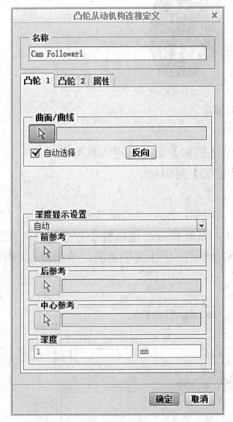

图 9-77　【凸轮从动机构连接定义】对话框　　　图 9-78　定义凸轮从动机构连接的属性

下面介绍一个凸轮从动机构连接的应用实例,所用到的源文件位于文件夹 9_asm\9_5 中。

(1) 建立工作目录,打开源文件。

① 单击 按钮选择 cam_follower.asm,再单击【打开】按钮。

② 在模型树的【树过滤器】设置显示特征。

此时,如图 9-79 所示,该组件中建立有一个存在基准轴和基座的基础模型,并存在着采用"销"连接的凸轮和采用"滑块"连接的凸轮导杆。

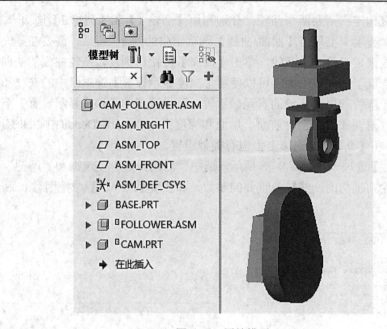

图 9-79　原始模型

(2) 定义凸轮连接。

① 从菜单栏中选择【应用程序】选项卡中的【机构】命令，进入机构模式。

② 单击 ⚫ 按钮，打开【凸轮从动机构连接定义】对话框。

③ 在【名称】文本框中输入 Cam Follower1。

④ 在【凸轮 1】选项卡的【曲面/曲线】选项组中，选中"自动选择"复选框，接着单击如图 9-80 所示的曲面，再单击鼠标中键确认，系统将自动选取整个有效的凸轮曲面。

⑤ 切换到【凸轮 2】选项卡，单击如图 9-81 所示的导杆滚子曲面，单击鼠标中键确认，此时在机构模型中出现凸轮连接的图标。

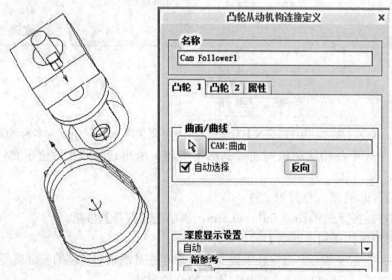

图 9-80　选择凸轮曲面

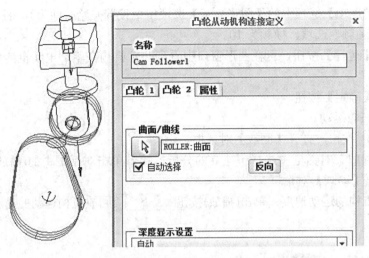

图 9-81 选择导杆的曲面

⑥ 单击【确定】按钮。这时，导杆滚子曲面与凸轮曲面连接在一块，如图 9-82 所示。

(3) 定义驱动(伺服驱动)。

① 单击 按钮，打开【伺服电动机定义】对话框。

② 输入名称 ServoMotor1，在模型中选择凸轮的 Connection_1.axis_1 连接轴，此时如图 9-83 所示。

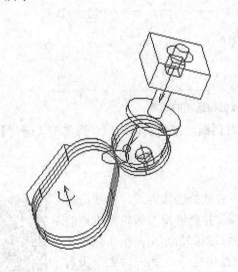

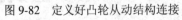

图 9-82 定义好凸轮从动结构连接

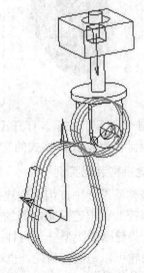

图 9-83 选择运动轴

③ 切换到【轮廓】选项卡，从【规范】选项组的列表框中选择"速度"选项，从【模】选项组的列表框中选择"常量"选项，输入 A 值为 20 mm。

④ 单击【应用】按钮，再单击【确定】按钮。

(4) 定义运动。

① 单击 按钮，打开【分析定义】对话框。

② 接受默认的分析名称 AnalysisDefinition1，接着在【类型】选项组的列表框中选择"运动学"选项。

③ 在【首选项】选项卡的【图形显示】选项组中设置开始时间为 0，终止时间为 30，选择"长度和帧频"选项，帧频为 10。

④ 单击【运行】按钮，可在图形窗口中看到凸轮机构在驱动电动机的作用下运动起来了。

⑤ 单击【确定】按钮。

(5) 回放凸轮运动。

① 单击 ◀▶ 按钮，打开【回放】对话框。

② 在【回放】对话框中选择所建立的分析，接着单击对话框中的(播放当前结果集)按钮 ◀▶，弹出【动画】对话框。

③ 调整机构的运动速度，单击(播放)按钮 ▶ 回放机构运动的动画，如图 9-84 所示。

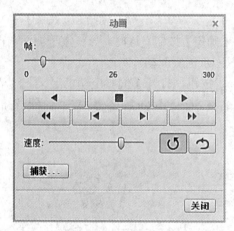

图 9-84　回放机构运动的动画

④ 单击【捕获】按钮，打开【捕获】对话框，接受默认选项，再单击【确定】按钮，将运动动画保存为 MPEG 格式的文件。

3. 齿轮机构装配实例

在机械传动设计中，齿轮副连接是一种常见的连接方式。使用齿轮副机构可以控制两根连接轴之间的速度关系，并能够模拟齿轮副机构的运动效果。齿轮副的类型分为两种：一种是标准齿轮副(由两个齿轮定义的，这些齿轮可以是圆柱齿轮，也可以是圆锥齿轮等)，另一种则是齿条与齿轮组成的齿轮副。

齿轮机构

下面以一个实例来介绍标准齿轮副的连接，并对其进行典型的机构分析及运动模拟。

已知该齿轮副由大齿轮和小齿轮组成，大齿轮的模数 m 为 4，齿数 Zb=38，两齿轮的中心距离为 a=116 mm。设小齿轮的齿数为 Za，由关系式(m×Zb＋m×Za)/2=a，算出小齿轮的齿数 Za 为 20。本书提供了已经建好模的该对齿轮零件，它们位于文件夹 9_asm\9_6 中，源文件分别为 gear1.prt 和 gear2.prt。

下面是具体的操作步骤。

(1) 建立装配文件。

① 单击(新建)按钮，弹出【新建】对话框。

② 在【类型】选项组中选择【装配】单选项，在【子类型】选项组中选择【设计】单选项，输入组件名称为 9_6，单击"使用默认模板"复选框以不使用默认模板，单击【确定】按钮。

③ 在出现的【新文件选项】对话框中，从【模板】选项组中选择 mmns_asm_design，单击【确定】按钮建立一个装配文件。

④ 在导航区的(模型树)对话框中单击模型树上方的设置按钮，从出现的下拉菜单中选择【树过滤器】选项，打开【模型树项】对话框。

⑤ 增加勾选"特征"复选框和"放置文件夹"复选框，单击【应用】按钮。

⑥ 单击【确定】按钮。此时，在装配模型树中会显示基准平面、基准坐标系特征等。

(2) 建立骨架模型。

① 单击按钮，打开【创建元件】对话框。

② 在【类型】选项组中选择【骨架模型】单选项，在【子类型】选项组选择【标准】单选项，并输入新的骨架名称为 9_6_SKEL，单击【确定】按钮打开【创建选项】对话框。

③ 选择【创建特征】选项，单击【确定】按钮创建一个骨架模型文件。

④ 单击按钮选择 ASM_RIGHT 基准平面，接着按 Ctrl 键选择 ASM_TOP 基准平面，再单击【确定】按钮。

⑤ 单击按钮选择 ASM_FRONT 基准平面，设置其约束类型为"法向"，偏移参考及偏移距离如图 9-85 所示，再单击【确定】按钮，在骨架模型中建立基准轴 A_2。该基准轴位于 ASM_TOP 基准平面上，它离基准轴 A_1 的距离为 116.00 mm。

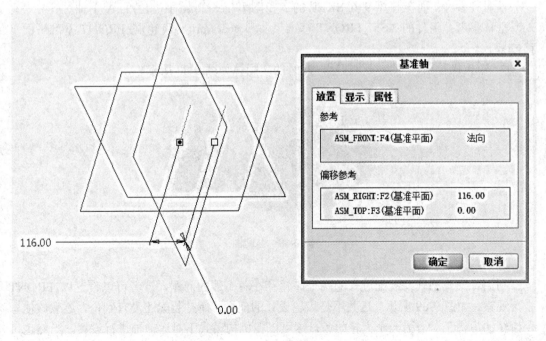

图 9-85 创建基准轴 A-2

(3) 装配齿轮。

① 在模型树上用鼠标右键单击顶级组件 9_6.asm，从快捷菜单中选择【激活】命令。

② 单击工具栏中的(将元件添加到组件)按钮🖳，选择 gear1.prt 源文件，再单击【打开】按钮。

③ 出现元件放置操控板，从【预定义集】列表框中选择"销"选项，指定如图 9-86 所示的两组参考。

④ 单击操控板中的完成按钮✅，完成大齿轮的装配，如图 9-87 所示。

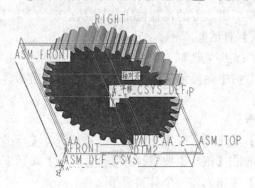
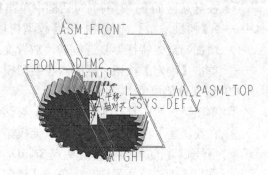

图 9-86　定义"销"连接　　　　　　　　　　图 9-87　装配大齿轮

⑤ 单击工具栏中的(将元件添加到组件)按钮🖳，选择 gear2.prt 源文件，再单击【打开】按钮。

⑥ 出现元件放置操控板，从【预定义集】列表框中选择"销"选项，接着指定以下的轴对齐参考和平移参考。

轴对齐参考：骨架模型 9_6_SKEL 的 A_2 轴和 gear2.prt(小齿轮)的 A_1 轴对齐参考。

平移参考：组件的 ASM_FRONT 基准平面和 gear2.prt(小齿轮)的 FRONT 基准平面平移参考。

⑦ 单击操控板中的完成按钮✅，此时的装配体如图 9-88 所示。

图 9-88　装配图

说明：

利用骨架模型辅助装配进来的两个齿轮存在着干涉的问题，读者可以设置以 FRONT 视角观察，如图 9-89 所示。这并不是齿轮设计的问题，而是装配还没有到位，还应该使一个齿轮的齿槽正对着另一个齿轮的齿。这可以在机构模式下对运动轴进行设置。当然也可以在之前定义好轴对齐参照和平移参照时，在【放置】上滑面板上单击【旋转轴】，对旋转轴的零位置进行设置。

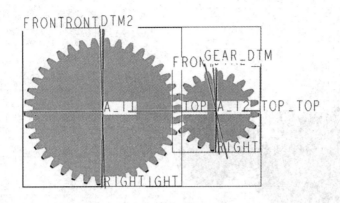

图 9-89　齿轮装配存在干涉现象

(4) 定义齿轮副。

① 从菜单栏中选择【应用程序】选项卡中的【机构】命令，进入机构模式。

② 单击(定义齿轮副连接)按钮 ，打开【齿轮副定义】对话框。

③ 接受默认的齿轮副名称 GearPair1，并在【类型】选项组的列表框中选择"一般"选项。

④ 在【齿轮 1 Gear1】选项卡上选择大齿轮的销连接，在【节圆】(Pitch Circle)选项组的文本框中输入大齿轮的节圆直径为 152 mm，如图 9-90 所示。所述节圆直径 D 的关系为 D=Z×m，Z 为齿数，m 为模数。

⑤ 切换至【齿轮 2 Gear2】选项卡，选择小齿轮的销连接，在【节圆】(Pitch Circle)选项组的文本框中输入小齿轮的节圆直径为 80 mm，如图 9-91 所示。

图 9-90　定义齿轮 1

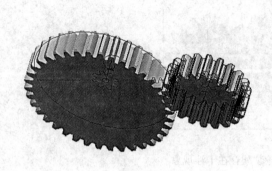

图 9-91　定义齿轮 2

⑥ 单击【齿轮副定义】对话框的【确定】按钮。

(5) 指定旋转轴设置。

① 从【机构树】中选择大齿轮 GEAR1 的旋转轴，单击鼠标右键，如图 9-92 所示，从快捷菜单中选择【编辑定义】命令按钮 。

② 弹出【运动轴】对话框，选择大齿轮的 DTM1 基准平面作为元件零位置，选择组件的 ASM_TOP 作为组件零位置，在"当前位置"框中输入 0，按<Enter>键，如图 9-93 所示，再单击 按钮。

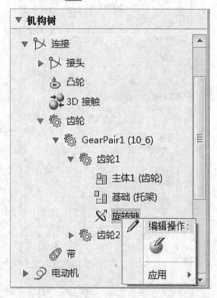
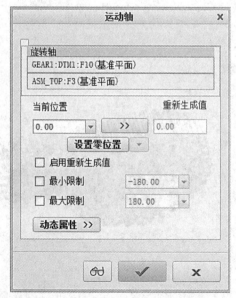

图 9-92　右击齿轮 1 的运动轴　　　　　图 9-93　设置大齿轮的当前零位置

③ 用同样的方法，从【机构树】中选择小齿轮 GEAR2 的旋转轴，单击鼠标右键，从快捷菜单中选择【编辑定义】命令按钮 🖉。打开【运动轴】对话框，选择小齿轮的 DTM1 基准平面作为元件零位置，选择组件的 ASM_TOP 作为组件零位置，接着在"当前位置"框中输入 0，按<Enter>键，单击 ✔ 按钮。

此时，齿轮副如图 9-94 所示，消除了干涉现象。

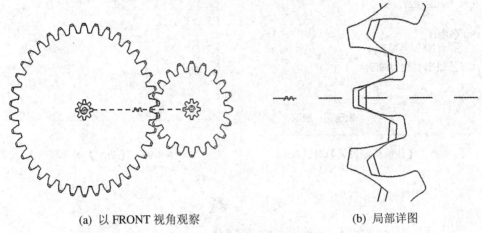

(a) 以 FRONT 视角观察   (b) 局部详图

图 9-94 设置齿轮运动轴的零位置

(6) 定义伺服电动机。

① 单击(伺服电动机定义)按钮 🗉，打开【伺服电动机定义】对话框。

② 接受默认的名称，在模型中选择大齿轮的 Connection-1.axis-1 连接轴。

③ 切换到【轮廓】选项卡，从【规范】选项组的列表框中选择"速度"选项，从【模】选项组的列表框中选择"常数"选项，输入 A 值为 32。

④ 单击【应用】按钮，再单击【确定】按钮。

(7) 定义分析。

① 单击(分析定义)按钮 🗵，打开【分析定义】对话框。

② 接受默认的分析名称，接着在【类型】选项组的列表框中选择"运动学"选项。

③ 在【首选项】选项卡的【图形显示】选项组中设置开始时间为 0，终止时间为 16，选择"长度和帧频"选项，帧频为 32。

④ 单击【运行】按钮，则可以在图形窗口中看到两齿轮在做规定时间内的旋转运动。

⑤ 单击【确定】按钮。

(8) 结果回放。

① 单击(回放以前的分析)按钮 ◄►，打开【回放】对话框。

② 单击【回放】对话框中的【碰撞检测设置】按钮，打开【碰撞检测设置】对话框，如图 9-95 所示。在【常规】选项组中选择"全局碰撞检测"单选项，在【可选的】选项组中选中"碰撞时铃声警告"复选框，单击【确定】按钮。

③ 单击【回放】对话框中的(播放当前结果集)按钮 ◄►，系统开始计算干涉，计算完成后弹出如图 9-96 所示的【动画】对话框。利用该对话框来控制动画的播放及将动画捕获为所需的格式文件。

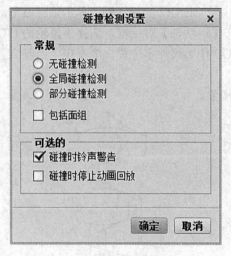

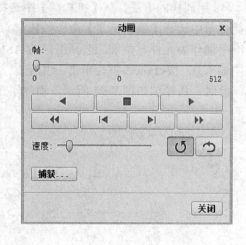

图 9-95　【碰撞检测设置】对话框　　　　　　　图 9-96　【动画】对话框

习　　题

1. 请根据图 9-97 所示的螺栓-螺母装配关系，建立装配文件 ex9_1.asm。所需零件均可在文件夹 9_asm\ex9_1 中找到。

螺栓-螺母

图 9-97　螺栓-螺母装配

2. 请根据图 9-98 所示的四连杆机构装配关系，建立装配文件 ex9_2.asm。所需零件均可在文件夹 9_asm\ex9_2 中找到。

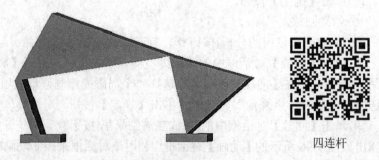

四连杆

图 9-98　四连杆机构装配

3. 请根据图 9-99 所示的活塞连杆机构装配关系，建立装配文件 ex9_3.asm。所需零件均可在文件夹 9_asm\ex9_3 中找到。

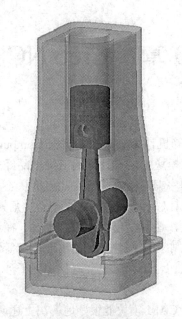

活塞连杆机构

图 9-99　活塞连杆机构装配

第 10 章　　Creo NC 加工

　　在 CAD/CAM 系统中,计算机辅助数控加工编程(Computer Aided Manufacturing,CAM)是重要的加工模块。在 CAD 模块中，设计好的三维产品经手工编程在机床上进行加工,将面临两个问题：一是数控程序编写困难。有些几何形状不太复杂的产品加工可以由技术人员直接编写数控加工程序。但对于形状较复杂的产品,尤其是具有空间复杂曲面的产品,不仅数值计算繁琐, 工作量大, 还容易出错且很难校对。在这种情况下仅仅使用手工编程已不能满足生产要求。二是在加工过程中有可能出现撞刀等现象。手工编程不能保证万无一失, 即使在加工之前进行试切, 仍无法完全避免加工干涉及刀具的损坏, 甚至还出现过人员受伤的情况。

　　计算机辅助数控加工编程 CAM 模块能很好地解决上述两个问题。将 CAD 模块中建立的零件直接导入 CAM 模块, 通过设定相应制造参数, 软件将会对零件进行自动编程,并通过后置处理生成机床所能识别的 G 代码, 从而解决了手动编程工作量大的问题。此外, 该模块还具有加工仿真功能,借助这项功能可以及时发现实际加工中的干涉、过切等潜在问题。

　　20 世纪 80 年代前, 苏联从日本东芝公司引进了一套五坐标数控系统及数控软件CAMMAX, 加工出高精度、低噪声的潜艇推进器, 从而使西方的反潜系统完全失效, 损失惨重。东芝公司因违反了"巴统"协议, 擅自出口高技术产品而受到了严厉的制裁。这就是著名的"东芝事件"。在这一事件中, 出尽风头的 CAMMAX 软件就是一种 CAM 模块。

　　目前, 应用较为广泛的 CAM 软件主要有 Creo(前身为 Pro/ENGINEER)、UG 和 CATIA的加工模块, 以及 MasterCAM 和 Cimatron 等专业制造软件。其中, Creo 的 CAM 制造模块被称为 Creo NC 加工模块。

10.1　　Creo NC 加工模块的基础

1. Creo NC 加工的基本步骤

　　Creo NC 加工流程图如图 11-1 所示。首先利用 Creo 的 CAD 造型模块或 Creo NC 模块自带的简易造型功能构建出零件(参考模型)及所用坯料(工件)的几何形状, 然后对零件进行工艺分析, 确定加工方案, 完成机床和刀具的选择、工艺参数设定等。通过仿真加工并检查无误后, 自动计算并生成刀位轨迹文件(包括每次走刀运动的坐标数据和工艺参数), 然后利用后置处理功能生成适应某一具体数控机床要求的零件数控加工程序(即 NC加工程序)。该加工程序可以通过控制介质(如磁带、磁盘等)或通信接口送入机床的控制系统。

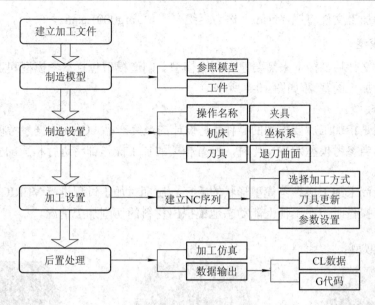

图 10-1　Creo NC 加工流程图

接下来分别对流程图 10-1 的 5 个步骤进行详细说明。

1）新建加工文件

打开 Creo 软件设置相应工作目录后，在主窗口的工具栏中单击【新建】图标，弹出【新建】对话框，如图 10-2 所示。在【类型】选项中选择"制造"，在【子类型】选项中默认选择"NC 装配"；名称栏中已经有一个系统默认的 NC 加工制造名 mfg0001，也可以输入新的名称(新名称应由数字和字母组成，中间不含中文和空格)；取消"使用默认模板"前面的钩，单击【确定】按钮。在接下来的【新文件选项】窗口中将默认的英制模板 inlbs_mfg_nc 改为公制模板 mmns_mfg_nc(如图 10-3 所示)，单击【确定】按钮进入 Creo NC 加工操作界面。

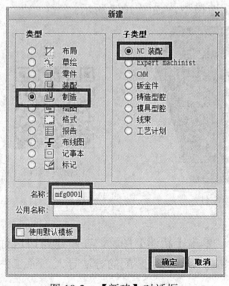

图 10-2　【新建】对话框

图 10-3　公制模板

保存后的加工文件将以".asm"作为后缀名，如 mfg0001.asm。

2) 制造模型

建立加工文件后，接下来需要建立制造模型。制造模型包括参考模型和工件两个基本概念，它们是加工的基础(如图 10-4 所示)。

(1) 参考模型。

参考模型是指加工后要得到的零件，是设计的最终产品。Creo 依据参考模型来计算数控加工轨迹。当参考模型发生变化时，所有相关的加工操作都将进行相应的变化。

(2) 工件。

工件是指尚未加工成参考模型形状的毛坯。后期对加工过程进行 VERICUT 仿真加工和过切检测等操作时，在工件上能动态地模拟出材料的切削加工情况。

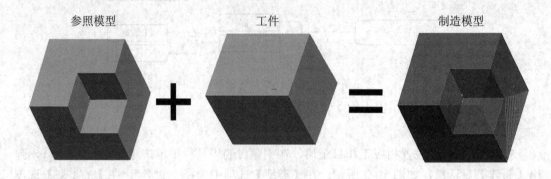

图 10-4　制造模型

制造模型由参考模型和工件组成，即零件和毛坯。参考模型和工件装配在一起，如图 10-4 所示。仿真加工时，刀具在工件上依照参考模型的形状模拟材料的切削加工过程。制造模型中的透明绿色表示工件减去参考模型的部分，需要切削去除。加工后，工件的几何形状应与参考模型一致。

例 10-1　在加工文件 10_1.asm 中新建一个制造模型，如图 10-5 所示。

体积块-窗口

图 10-5　制造模型(1)

操作过程如下：

(1) 新建加工文件 10_1.asm。如图 10-6 所示，单击【新建】图标，在新建窗口进行相应设置，并选择公制模板。接着建立制造模型。参考模型采用装配的方法导入，而工件采用创建的方法来建立。

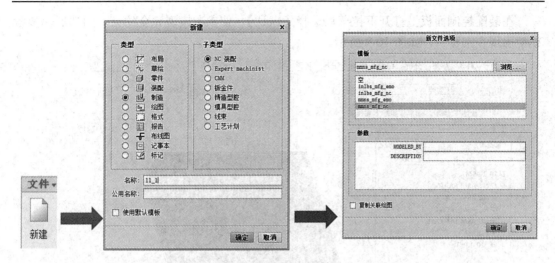

图 10-6　新建加工文件

(2) 装配已有参考模型。首先将已经创建好的参考模型零件 10_1.prt 复制到工件目录中。在【元件】按钮中单击【参考模型】图标，如图 10-7 所示。

图 10-7　【元件】按钮

打开工作目录(如图 10-8 所示)，选择参考模型 10_1.prt，单击【打开】按钮。

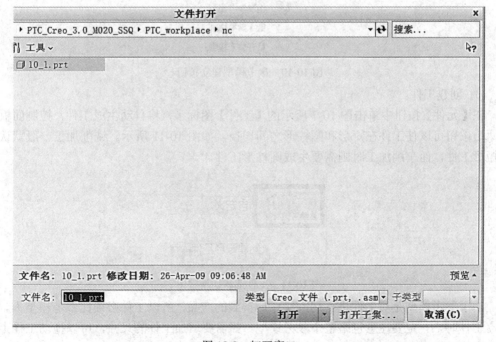

图 10-8　打开窗口

在装配控制面板上打开下拉菜单选择【默认】，使参考模型完全约束。勾选后，参考模型出现在主窗口，如图 10-9 所示。

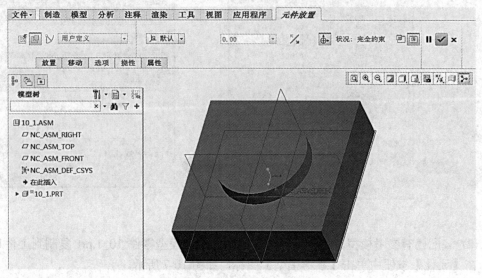

图 10-9　装配参考模型

参考模型除了可以采用组装的方法导入之外，还可以通过继承、合并的方法来建立。参考模型建立按钮如图 10-10 所示。此处不再赘述。

图 10-10　参考模型建立按钮

(3) 创建工件。

在【元件】按钮中单击图 10-7 所示的【工件】图标🛠，将自动生成工件。控制面板的前两个按钮可以使工件在矩形和圆柱形之间切换，如图 10-11 所示。铣削加工一般默认生成矩形工件，而车削加工时则需要生成圆柱形工件。

图 10-11　工件形状切换按钮

由于参考模型是对工件进行切削操作后得到的产品，所以工件必须比参考模型大。在建立工件时，一定要注意包络整个参考模型。如需要增加工件的尺寸，可以拖动工件上的白色方块或者鼠标双击尺寸数字进行修改，如图 10-12 所示。

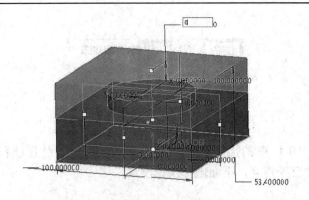

图 10-12　工件尺寸修改

除【自动工件】外，工件的下拉菜单中还有【组装工件】、【继承工件】、【合并工件】以及【创建工件】等创建方式，如图 10-13 所示。其中，【自动工件】最为快捷。但要注意，当所需工件形状比较复杂时，自动生成的工件可能不符合要求，这时就需要以其他方式创建工件。

图 10-13　【工件】下拉菜单

图 10-14 显示的制造模型中，灰色部分是参考模型，半透明绿色部分是工件，它们大部分是重合的，没有重合的透明部分需要后续加工去除。

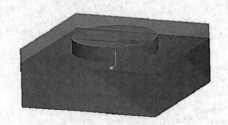

图 10-14　制造模型(2)

保存后，工作目录中将生成加工文件 10_1.asm 以及两个零件文件，分别为参考模型文件 10_1.prt 和工件文件 10_1_wrk_01.prt。需要重新调用时，双击 10_1.asm，或在已打开的 Creo 窗口中单击，选择工作目录下的加工文件 10_1.asm，就可打开刚才创建的制造模型文件。

3) 制造过程

制造设置主要涉及【机床设置】下的【工作中心】按钮和【工艺】下的【操作】按钮，

如图 10-15 所示。

图 10-15　制造设置按钮

接下来仍以例 10-1 中的加工文件 10_1.asm 为例介绍设置过程。打开加工文件 10_1.asm，制造模型已经建立，下面进行操作设置。

(1) 机床设置。

单击【工作中心】的下拉菜单可以选择铣床、车床、线切割加工及铣、车综合加工中心等机床，如图 10-16 所示。各种加工机床分别有其适用的加工序列，应依照加工目的及所设计的加工工艺选择适用的加工机床。本书受篇幅所限，仅涉及最常用的铣床。

图 10-16　机床选择

在图 10-15 所示界面中直接单击【工作中心】按钮，弹出图 10-17 所示的【铣削工作中心】窗口，对铣床进行设置。在【轴数】栏可选择 3 轴、4 轴及 5 轴。在本书中，【机床类型】和【轴数】都采用默认值"铣削"和"3 轴"，可以直接点击【确定】按钮退出。【刀具】选项卡中可设置刀具类型及尺寸，此步骤也可暂时跳过，在后面的步骤中再进行刀具设置。

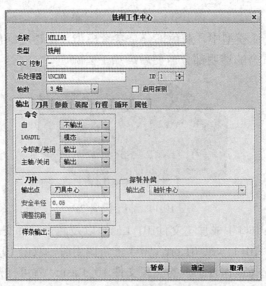

图 10-17　【铣削工作中心】窗口

(2) 操作设置。

在图 10-15 所示界面中单击【操作】按钮，打开图 10-18 所示的控制面板。在该面板

中可以选择或设置操作名称、机床类型、夹具、坐标系及坯件材料等。此时，机床已默认
选择前面已设置的铣床 MILL01，工件坐标系待选。

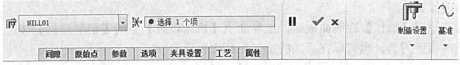

图 10-18　操作设置面板

工件坐标系也称为加工零点，它是程序的零点。当工件坐标系发生变化时，NC 加工
程序也会改变。单击图标 ╳ 后的选择框，可以选择制造模型中已有的坐标系作为加工零点。

然而，制造模型中的默认坐标系往往不符合机床坐标系的要求，这时应重新建立一个
坐标系。当确定坐标轴时，首先确定 Z 轴，然后由右手笛卡儿坐标系来确定 X 轴和 Y 轴。
对于铣削加工来说，一般规定 Z 轴是主轴的轴线方向。所有坐标轴的正方向是刀具远离工
件的方向。

在图 10-18 所示的控制面板最右侧打开【基准】的下拉菜单，并选择【坐标系】按钮 ╳，
弹出坐标系的创建窗口，如图 10-19 所示。按住 Ctrl 键，按照图 10-20 所示顺序依次选择
三个平面，得到一个 Z 轴朝上的坐标系 ACS3，可满足铣床坐标系的要求。当选择顺序出
错，Z 轴没有指向刀具方向时，可在坐标系窗口中选择【方向】选项卡，调整两个【反向】
按钮，分别使各轴反向得到符合要求的坐标系。点击播放键 ▶，返回操作设置面板，选择
该坐标系作为加工零点。

图 10-19　新建坐标系

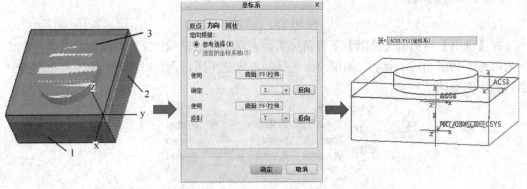

图 10-20　建立坐标系

在图 10-18 的控制面板中还可以进行夹具设置。夹具在加工时起到了固定工件的作用。在一般的加工设计过程中，如果不用考虑刀具是否和夹具碰撞，则为了节省时间可以不进行夹具的设置。

勾选退出【操作】控制面板后，主界面上【机床设置】下的【切削刀具】按钮点亮，可在此时设置刀具，也可以在后面的加工序列中再设置。

4) 加工设置

在设置加工序列之前需要提前指定加工范围。在主界面的【制造几何】下有【铣削窗口】、【铣削体积块】、【铣削曲面】等按钮，用于指定铣削区域，如图 10-21 所示。

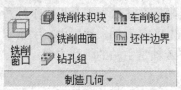

图 10-21　【制造几何】按钮

打开主界面的【铣削】选项卡，可以看到图 10-21 中的【制造几何】按钮在该选项卡中也出现了，但功能略少。此处也可以进行制造几何的设置。

在【铣削】选项卡下点击【铣削窗口】按钮，打开控制面板。用鼠标左键点选工件上表面(如图 10-22 所示)，打开第三个选项卡，把"在窗口围线内"改为"在窗口围线上"，使工件能够被彻底铣削干净，然后勾选退出。

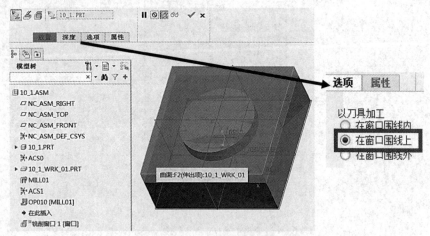

图 10-22　铣削窗口

在【铣削】界面的【铣削】下有精加工、表面加工、轮廓加工、曲面铣削等各种加工序列可选，如图 10-23 所示。如果前面选择的机床是车床，则此时出现的加工序列名称就会有相应的变动。

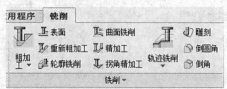

图 10-23　铣削序列

本例中，将选择【粗加工】下拉菜单中的【体积块粗加工】序列，如图 10-24 所示。

图 10-24　【体积块粗加工】按钮

进入【体积块粗加工】序列控制面板后，第一个下拉菜单显示的是刀具选项。由于前面没有设置刀具，可以在此处点击"编辑刀具"(如图 10-25 所示)，弹出【刀具设定】窗口，如图 10-26 所示。

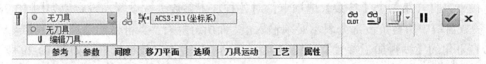

图 10-25　体【积块粗加工】控制面板

在【类型】栏单击下拉按钮可以看到，有很多种刀具供选择。由于前面选择的机床是铣床，因此这里出现的都是铣削刀具。各种刀具参数应根据工件材料的性能、机床的加工能力、加工工序的类型、切削用量以及其他与加工有关的因素来选择。

首先设置刀具名称，采用默认的 T0001，指 1 号刀具。如果以后要增加新的刀具，应注意更改刀具名称(如 T0002)，否则将直接替换 1 号刀具的参数，也可以采用新建的方式来添加新刀具。【类型】采用默认的"端铣削"。刀具的尺寸参数可以在右下方的图中进行设置，这里采用默认尺寸，刀具直径为 12 mm。单击【应用】按钮后，在窗口的上半部分可以看到刀具已经添加好了，单击【确定】按钮退回加工序列控制面板。

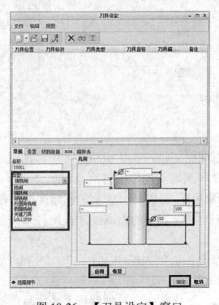

图 10-26　【刀具设定】窗口

打开第一个【参考】选项卡，选择前面建立的铣削窗口，如图10-27所示。

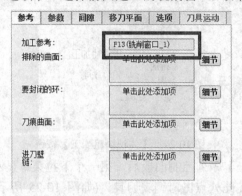

图 10-27　选择铣削窗口

接下来打开第二个【参数】选项卡，对各种加工参数进行设置，设定值如图10-28所示。参数窗口中所有黄色部分表示必须输入值，而所有标有"-"符号的选项可不设定参数；点击右下角的【编辑加工参数】按钮 ⚒ 可打开功能更多的参数编辑框，如图10-29所示，然后点击【确定】按钮退出。

切削进给	50
弧形进给	-
自由进给	-
退刀进给	-
移刀进给量	-
切入进给量	-
公差	0.01
跨距	10
轮廓允许余量	0
粗加工允许余量	0
底部允许余量	-
切割角	0
最大台阶深度	10
扫描类型	类型 3
切割类型	顺铣
粗加工选项	粗加工和轮廓
安全距离	2
主轴速度	600
冷却液选项	关

图 10-28　参数设置

图 10-29　参数编辑框

参数会随NC序列的不同而变化。在体积块加工中，常用的参数有以下几个：

● 切削进给：所有NC序列切割动作的进给率。

● 步长深度(最大台阶深度)：设置每一切割的递增深度，即每层切削深度。

● 跨度(跨距)：设置铣削路径之间的距离或冲裁击打之间的间距。注意：它必须小于刀具直径。

● 安全距离：选择一个高出铣削表面的距离，当刀具到此距离时，由快速运动改为切削进给速度的运动。

● 主轴速率(主轴速度)：主轴转速。一般精加工转速要比粗加工转速快。

　　打开第三个【间隙】选项卡，进行退刀曲面设置。加工完一个区域后，刀具需要退离工件一定高度，再沿退刀面横向移动到另一个区域加工。退刀面可以是平面，也可以是曲面。在一般的铣削加工中，退刀面选择垂直于 Z 轴的平面即可。

　　本例中选择工件上表面为退刀面，退刀面类型默认为"平面"，并设置其沿 Z 轴的深度为 5，如图 10-30 所示。可以在绘图区直观地预览到新创建的退刀曲面。

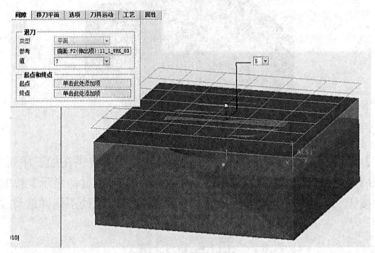

图 10-30　退刀曲面设置

　　此时加工序列已完成，可以勾选退出【体积块粗加工】序列控制面板。但在退出之前往往还要动态模拟加工过程，这样就可以直观地看到刀具的加工路线，从而能很方便地看出程序编写得是否正确，以便做出修改。从图 10-25 中可以看到，在控制面板右侧还有三个按钮，用于检查加工序列的质量。

　　●【CL 数据】按钮 ：可以在独立的窗口中显示 CL 数据，即刀位数据文件，如图 10-31 所示。

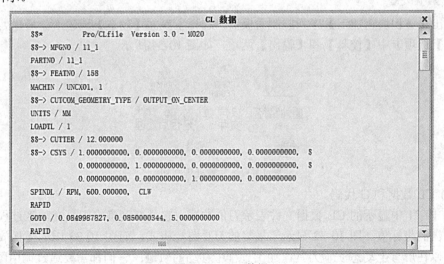

图 10-31　CL 数据

　　●【刀具路径】按钮 ：可供预览查看每次修改后的刀具路径模式，如图 10-32 所示。

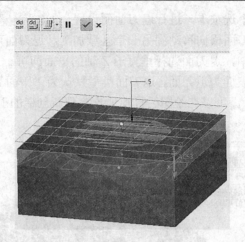

图 10-32　刀具路径

● 【仿真】按钮 ：其下拉菜单中有三个按钮，用于提供在加工序列内进行初步的加工仿真(如图 10-33 所示)，分别为【播放路径】按钮 、【过切显示】按钮 以及【材料移除模拟】按钮 。其功能与后置处理部分功能类似，此处不作详细解说。

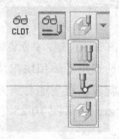

图 10-33　仿真按钮

5) 后置处理

退出【体积块粗加工】序列控制面板后，选择主界面【制造】选项卡。后置处理涉及【制造】选项卡中【校验】和【输出】两项，如图 10-34 所示。

图 10-34　后置处理按钮

(1) CL 数据和 G 代码。

图 10-31 中显示的 CL 数据文件表示刀位数据，它是准确确定刀具在加工过程中每一位置所需的坐标值。图 10-32 显示了最终的刀具路径模式，而图 10-33 中的【播放路径】按钮可以在屏幕上动态演示刀具在加工过程中移动的轨迹。它们都需要通过调用图 10-31 中的 CL 刀位数据文件来实现。把 CL 刀位数据文件转化成直观的图像后，更加容易判断出加工序列的设置是否正确。

　　然而，数控机床并不能读懂这种数据，因此接下来还得进行后置处理，即由 CL 数据文件生成机床能识别的 G 代码，也就是机床控制器数据文件(MCD 文件)，以便将其传输到机床控制器驱动机床加工出所需要的零件。

　　CL 数据和 G 代码的生成如下：

　　在图 10-34 显示的界面中点击【保存 CL 文件】按钮，弹出如图 10-35 所示的菜单管理器。

图 10-35　菜单管理器

　　在菜单管理器中依次点击【操作】→【OP010】→【文件】(输出 OP010 操作的刀位数据文件)，分别选择 "CL 文件" "MCD 文件" 和 "交互"，单击【完成】按钮(如果不勾选 "MCD 文件"，则只会生成 "CL 文件"，不生成 G 代码)；再单击【保存副本】→【确定】→【完成】→【后置处理列表】，选择 "UNCX01.P11"，弹出命令窗口，输入程序起始号 "001"，按回车键，最后单击【完成输出】。

　　打开工作目录，找到刚才保存的副本，刀位数据文件以.ncl 作为后缀名，而 G 代码以.tap作为后缀名。找到刀位数据文件 op010.ncl 和 G 代码文件 op010.tap 后，分别用记事本打开，如图 10-36 和图 10-37 所示。

图 10-36　刀位数据文件　　　　　　　　　　图 10-37　G 代码

重复前面的 G 代码生成操作。单击【后置处理列表】选择 "UNCX01.P12"，此时，生成的 TAP 文件和前面选择 "UNCX01.P11" 时生成的 TAP 文件格式和内容是不同的，这是因为不同的机床只能读懂特定的 G 代码，所以必须针对使用的机床选择【后置处理列表】中相应的选项。

(2) 播放路径。

播放路径可以调用刀位轨迹文件即 CL 数据进行路径模拟。在图 10-34 所示的界面中点击【播放路径】按钮，弹出打开文件对话框，选取刚才保存的 op010.ncl 文件，勾选刀具，并单击【完成】按钮。在屏幕上将动态演示加工过程和刀具路径。

其功能与图 10-33 中体积块铣削序列面板上的【播放路径】按钮相似，但在体积块铣削序列中单击该按钮会弹出一个【播放路径】对话框。单击播放键，在【显示速度】处拖动滑块可以调整播放速度，如图 10-38 所示。

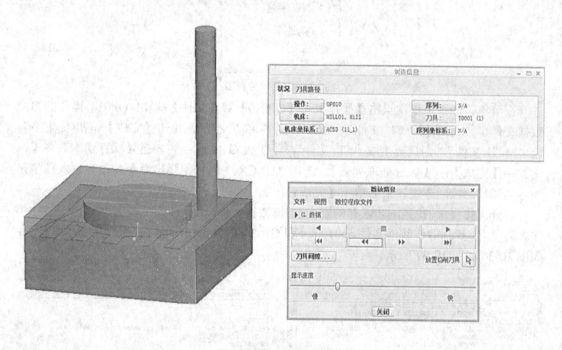

图 10-38　刀位轨迹演示

(3) NC 检测。

前面介绍的刀位轨迹仿真只能模拟出刀具的运动轨迹，而未对工件进行切削。设计者往往更关心的是工件被刀具切削的过程，也就是真实切削过程的模拟。这就要用到 NC 检测的功能，也就是 VERICUT 模拟加工。

点击图 10-34 中【播放路径】的下拉菜单，选择【材料移除模拟】。该按钮功能与图 10-33 中的【材料移除模拟】按钮相似。在【菜单管理器】中可以选择 "CL 文件" 或 "G-代码文件"，并在打开窗口中选择工作目录保存的对应文件。单击【完成】按钮后，弹出 VERICUT 模拟加工窗口。单击右下角运行按钮，屏幕上将动态演示刀具加工过程，工件形状会随切削加工发生变化。如果加工速度过快，则可以拖动下方滑块来调节加工速度，以便于更清楚地观察，如图 10-39 所示。

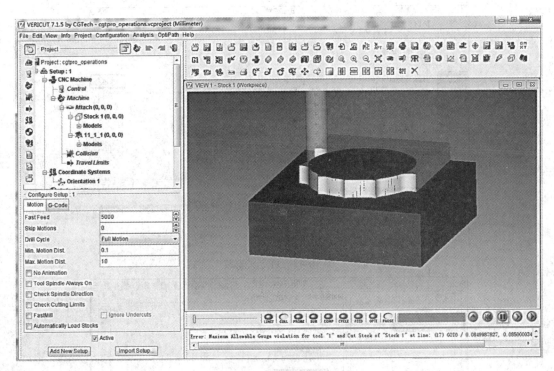

图 10-39　VERICUT 模拟加工

在前面建立【铣削窗口】的步骤中，我们把控制面板中第三个选项卡的"在窗口围线内"改为"在窗口围线上"。通过图 10-40 和图 10-41 对比，可以体会到刀具的铣削窗口分别设置为"在窗口围线内"和"在窗口围线上"对最终加工结果的影响。

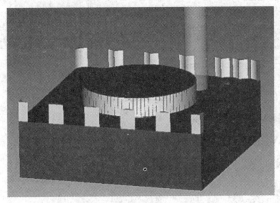
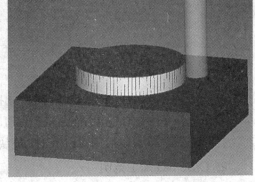

图 10-40　在窗口围线内　　　　　　　　图 10-41　在窗口围线上

由图 10-40 可以看出，其 NC 检测结果并不合理。由于窗口限定整个刀具只能在窗口的内部范围移动，因此四周的边角无法完全被铣削。而图 10-41 允许刀具的中心轴线可以沿着窗口边线移动，但不能超过窗口边线外。这一设置足以使刀具接触到四周的边角。

注意：如果无法进行 VERICUT 模拟加工，说明安装 Creo 时没有选择安装此模块，需重新安装。在安装时，如图 10-42 所示单击【自定义】按钮，弹出图 10-43 所示的窗口。

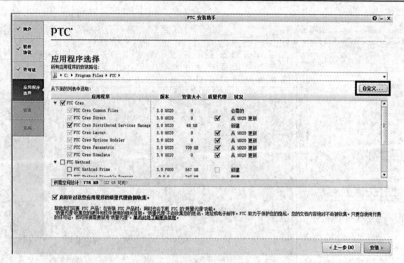

图 10-42　自定义安装

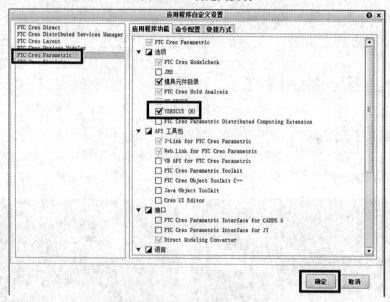

图 10-43　选择 VERICUT 模块

依次选择【PTC Creo Parametric】→【VERICUT(R)】→【确定】，继续完成安装后，再次打开 Creo，就可以启用 VERICUT 模块。

2. Creo NC 加工范例

下面以另一个体积块铣削为例，来完整地演示 Creo NC 加工的一般过程。

例 10-2　根据图 10-44 所示的零件图，对该零件进行体积块铣削加工。

体积块铣削一般用于需要切削大块材料的情况，属于粗加工。在铣削中被去除的部分称为体积块。操作过程如下：

(1) 制造模型。

首先建立加工文件 10_2.asm。按照上例的方法装配参考模型 10_2.prt，如图 10-44 所示；创建工件，制造模型如图 10-45 所示。

图 10-44　零件图

图 10-45　制造模型(3)

体积块-窗口

(2) 制造设置。

分别单击【机床设置】下的【工作中心】按钮和【工艺】下的【操作】按钮，进行以下设置：

机床：3 轴铣床。

工件坐标系：加工零点设置在制造模型上端面的中心。

(3) 加工设置。

单击【铣削窗口】按钮，点选工件上表面后，勾选退出。

注意：此时第三个选项卡应保持默认的"在窗口围线内"设置。

单击选项卡【铣削】→【粗加工】→【体积块粗加工】，其设置如下：

刀具：由于体积块铣削属于粗加工，应尽可能选择大的刀具，这样可以提高加工效率。经测量，内型腔的四个内圆弧半径均为 12 mm，根据切削方式，刀具半径应小于 12 mm。这里可以采用直径 16 mm 的端铣刀。

加工参考：选择前面建好的铣削窗口。

参数设定：因为是粗加工，主轴速度略慢；跨距必须小于刀具直径 16 mm，设置其值为 12 mm，如图 10-46 所示。

间隙：设定退刀曲面为沿 Z 轴方向的平面，深度为 5。

切削进给	50
弧形进给	-
自由进给	-
退刀进给	-
移刀进给量	-
切入进给量	-
公差	0.01
跨距	12
轮廓允许余量	0
粗加工允许余量	0
底部允许余量	-
切割角	0
最大台阶深度	5
扫描类型	类型 3
切割类型	顺铣
粗加工选项	粗加工和轮廓
安全距离	2
主轴速度	600
冷却液选项	关

图 10-46　加工参数

(4) 创建刀位数据文件及后处理。

勾选退出【体积块粗加工】窗口。选择主界面【制造】选项卡，单击【保存 CL 文件】按钮；依次点击【操作】→【OP010】→【文件】，选择"CL 文件"、"MCD 文件"和"交互"，单击【完成】按钮；再单击【保存副本】→【确定】→【完成】→【后置处理列表】。

这里的后置处理是和机床相关的，比如当鼠标悬停在"UNCX01.P11"上方时，主窗口左下角出现HAAS VF8，表示这是该机床的后处理器；当鼠标悬停在其他选项上方时，主窗口左下角出现其他机床相关信息，输出的 G 代码格式也是不同的。如果选择"UNCX01.P11"，随即需要输入程序起始号"001"；其他选项如"UNCX01.P12"一般不需要输入程序起始号。此处选择"UNCX01.P12"，单击【完成输出】。

在工作目录中找到刚才保存的副本(以.ncl 作为后缀名的文件)，用记事本打开，这就是所建立的刀位数据文件，如图 10-47 所示。用记事本打开以.tap 为后缀的文件，可以看到机床能识别的 G 代码，如图 10-48 所示。

图 10-47　刀位数据文件(1)　　　　　　　　图 10-48　G 代码(1)

(5) 加工仿真。

调用 CL 数据单击【播放路径】按钮，演示刀位轨迹，如图 10-49 所示。单击【材料移除模拟】按钮，弹出 VERICUT 仿真窗口，再单击右下角的播放键观察工件铣削情况，如图 10-50 所示。

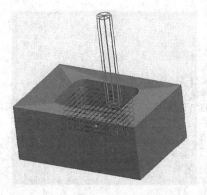

图 10-49　轨迹演示(1)　　　　　　　　图 10-50　仿真加工(1)

10.2　Creo NC 数控加工

由于选择机床、加工对象不同，切削方式也各不一样，即 NC 序列的选择会有所不同。下面以实例的形式介绍除体积块粗加工外，其他几种常用的铣削加工。

1. 表面铣削

加工也称为平面铣削加工，常用于加工大面积的平面或者平面度要求较高的平面。退刀面必须与铣削平面平行。刀具通常使用平底端铣刀或半径端铣刀。加工时，铣削平面的所有内部特征(孔、槽)会被系统自动排除。

例 10-3　根据图 10-51 所示的零件图，对该零件进行表面铣削加工。

分析：前面介绍了体积块铣削，当工件上需要去除的材料较多时，也可以考虑采用体积块铣削加工。但体积块铣削属于粗加工，为了得到较好的表面质量，宜采用加工余量较小的表面铣削来进行精加工。

操作过程如下：

(1) 制造模型。

首先建立加工文件 10_3.asm。按照前例步骤装配图 10-51 所示的参考模型 10_3.prt，并创建工件，工件上表面应略高于零件，以便于进行表面铣削。制造模型如图 10-52 所示。

表面铣削

图 10-51　零件图(1)　　　　　图 10-52　制造模型(4)

(2) 制造设置。

分别单击【机床设置】下的【工作中心】按钮和【工艺】下的【操作】按钮，进行以下设置：

机床：3 轴铣床。

工件坐标系：加工零点设置在制造模型上端面的一角。

(3) 加工设置。

本例中除可设置【铣削窗口】外，还可以选择设置【铣削曲面】，采用拉伸等方法建立刀具铣削范围。当参考模型的加工面没有大型孔、槽时，也可以不设置【铣削曲面】，在后期加工序列中直接选取参考模型上表面即可。

单击选项卡【铣削】→【表面】，其设置如下：

刀具：表面铣削刀具通常使用平底端铣刀或半径端铣刀(如外圆角铣削)，为保证平面光洁，一般刀具直径不应太小。这里采用直径为 20 mm 的端铣刀。

加工参考：可以直接选取参考模型上表面。

参数设定：因为是精加工，主轴速度略高；跨距必须小于刀具直径 20 mm，设置其值为 15 mm，如图 10-53 所示。

间隙：设定退刀曲面为沿 Z 轴方向的平面，深度为 5。

切削进给	10
自由进给	-
退刀进给	-
切入进给量	-
步长深度	5
公差	0.01
跨距	15
底部允许余量	-
切割角	0
终止超程	0
起始超程	0
扫描类型	类型 3
切割类型	顺铣
安全距离	2
进刀距离	-
退刀距离	-
主轴速度	1000
冷却液选项	关

图 10-53　加工参数(1)

(4) 创建刀位数据文件及后处理。

勾选退出【表面】窗口。选择主界面【制造】选项卡，点击【保存 CL 文件】；依次点击【操作】→【OP010】→【文件】，选择 "CL 文件" "MCD 文件" 和 "交互"，单击【完成】按钮；再单击【保存副本】→【确定】→【完成】→【后置处理列表】。

选择 "UNCX01.P12"，单击【完成输出】。在工作目录中找到刚才保存的副本(以.ncl 作为后缀名的文件)，用记事本打开刀位数据文件，如图 10-54 所示；用记事本打开 G 代码，如图 10-55 所示。

图 10-54　刀位数据文件(2)

图 10-55　G 代码(2)

(5) 加工仿真。

调用 CL 数据单击【播放路径】按钮，演示刀位轨迹，如图 10-56 所示。单击【材料移除模拟】按钮，弹出 VERICUT 仿真窗口，再单击右下角的播放键观察工件铣削情况，如图 10-57 所示。

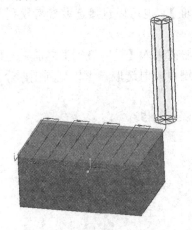

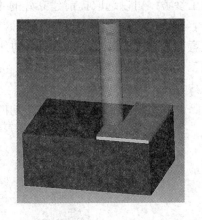

图 10-56　轨迹演示(2)　　　　　　　　图 10-57　仿真加工(2)

2. 轮廓铣削

轮廓铣削通常用于加工垂直或倾斜的轮廓面。这种加工方法既可用于粗加工，也可用于精加工。

例 10-4　根据图 10-58 所示的零件图，对该零件进行轮廓铣削加工。

操作过程如下：

(1) 制造模型。

首先建立加工文件 10_4.asm。按照图 10-58 所示建立参考模型 10_4.prt，并建立工件，使工件四周轮廓面均超出零件四周 15 mm。制造模型如图 10-59 所示。

轮廓铣削

图 10-58　零件图(2)　　　　　图 10-59　制造模型(5)

(2) 操作设置。

分别单击【机床设置】下的【工作中心】按钮和【工艺】下的【操作】按钮，进行以下设置：

机床：3 轴铣床。

工件坐标系：加工零点设置在制造模型上端面的一角。

(3) 加工设置。

　　本例中应该设置【铣削曲面】，用拉伸等方法建立刀具铣削范围；也可以不设置【铣削曲面】，在后期加工序列中直接选取参考模型四周。

　　单击选项卡【铣削】→【轮廓铣削】，其设置如下：

　　刀具：由于这里铣削的是垂直面，采用端铣削刀具。尺寸采用系统默认值为 12 mm。

　　加工参考：可以选取提前建立好的【铣削曲面】，也可以直接选取参考模型四周的外表面。

　　注意：若直接选取参考模型四周的外表面，需在进入【轮廓铣削】之前在左侧模型树中隐藏工件，方可选中参考模型的面。按住 Ctrl 键可同时选取参考模型周围四个外表面。

　　参数设定：设置如图 10-60 所示。

　　间隙：设定退刀曲面为沿 Z 轴方向的平面，深度为 5。

切削进给	50
弧形进给	-
自由进给	-
退刀进给	-
切入进给量	
步长深度	10
公差	0.01
轮廓允许余量	0
检查曲面允许余量	-
壁刀痕高度	0
切割类型	顺铣
安全距离	2
主轴速度	800
冷却液选项	关

图 10-60　加工参数(2)

(4) 创建刀位数据文件及后处理。

　　勾选退出【轮廓铣削】窗口。选择主界面【制造】选项卡，点击【保存 CL 文件】。依次点击【操作】→【OP010】→【文件】，选择 "CL 文件" "MCD 文件" 和 "交互"，单击【完成】按钮；再单击【保存副本】→【确定】→【完成】→【后置处理列表】。

　　选择 "UNCX01.P12"，单击【完成输出】。在工作目录中找到刚才保存的副本(以.ncl 作为后缀名的文件)，用记事本打开刀位数据文件，如图 10-61 所示；用记事本打开 G 代码，如图 10-62 所示。

图 10-61　刀位数据文件(3)

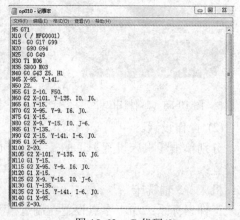

图 10-62　G 代码(3)

(5) 加工仿真。

调用 CL 数据单击【播放路径】按钮，演示刀位轨迹，如图 10-63 所示。单击【材料移除模拟】按钮，弹出 VERICUT 仿真窗口，再单击右下角的播放键观察工件铣削情况，如图 10-64 所示。

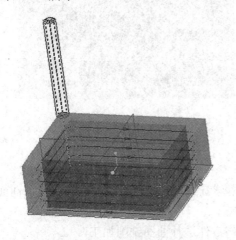

图 10-63　轨迹演示(3)

图 10-64　仿真加工(3)

注意：从仿真加工中发现产生了不合理的大块切屑，因此需要对加工参数进行修改。在模型树中用鼠标右键单击【轮廓铣削 1】进行编辑定义。点击【参数】右下角的编辑按钮，打开参数编辑对话框，如图 10-65 所示。单击按钮【全部】出现全部加工参数，修改参数"轮廓精加工走刀数"为 5(总共要进行五圈加工)，修改"轮廓增量"为 2(每一圈之间的间隔)。

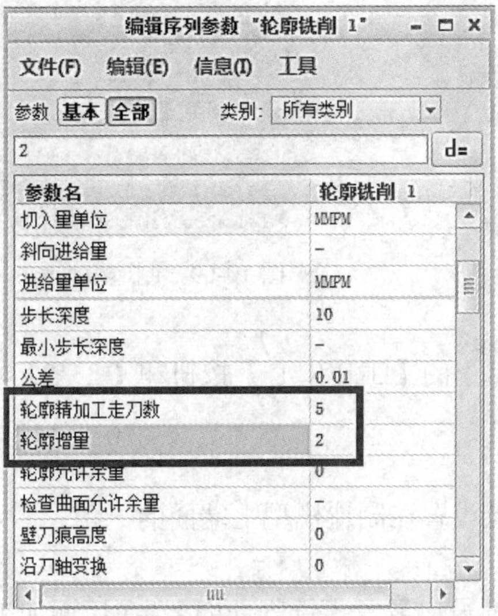

图 10-65　参数编辑对话框

继续演示刀位轨迹和 VERICUT 仿真加工，分别如图 10-66 和图 10-67 所示。发现刀具比之前多加工了四圈，产生的切屑较小。如果希望工件能够完全被切削，可以继续修改参数。

图 10-66　轨迹演示(4)

图 10-67　仿真加工(4)

3. 曲面铣削

曲面铣削主要用于对曲面的加工，一般使用球铣刀加工，能得到较高的精度。曲面铣削通常属于精加工，铣削之前往往应先进行粗加工。

例 10-5　根据图 10-68 所示的零件图，对该零件进行曲面铣削加工。

操作过程如下：

(1) 制造模型。

首先建立加工文件 10_5.asm。按照图 10-68 所示建立参考模型 10_5.prt，并创建工件。制造模型如图 10-69 所示。

图 10-68　零件图(3)

图 10-69　制造模型(6)

曲面铣削

(2) 制造设置。

分别单击【机床设置】下的【工作中心】按钮和【工艺】下的【操作】按钮，进行以下设置：

机床：3 轴铣床。

工件坐标系：加工零点设置在制造模型上端面的一角。

(3) 加工设置。

本例中不用设置【铣削窗口】及【铣削曲面】，在后期加工序列中可直接选取参考模型的被加工曲面。

单击选项卡【铣削】→【曲面铣削】，弹出如图 10-70 所示的【序列设置】瀑布式菜单，单击【完成】按钮后，各项设置分别如下：

刀具：曲面加工一般采用球铣刀，而且在允许的情况下刀具直径尽可能大，这样可以得到更好的表面质量。这里采用直径为 12 mm 的球铣刀，尺寸采用系统默认值。

　　参数设定：因为是精加工，主轴速度略高；为了得到接近曲面的加工面，跨距应取值小一点，这里取 1 mm。所有参数设置如图 10-71 所示。

　　退刀：设定退刀曲面为沿 Z 轴方向的平面，深度为 5。

　　加工参考：直接选取参考模型的加工曲面。

　　出现【曲面拾取】菜单后选择【模型】→【完成】，弹出【选取】对话框，点击参考模型的曲面。完成后，系统弹出【切削定义】窗口，依次选择【直线切削】→【相对于 X 轴】→【切削角度】，并设置切削角度为"0"或"90"(角度值需视情况判断，其可改变刀具切削路径方向)，单击【确定】按钮。

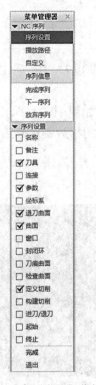

图 10-70　【序列设置】菜单(1)

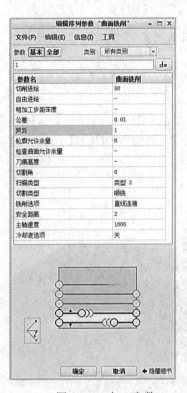

图 10-71　加工参数(3)

　　注意：Creo 界面正逐步将旧版 Pro/E 特有的瀑布式菜单更改为图标式控制面板，但在 NC 模块中，还有一些操作如【曲面铣削】、【腔槽加工】等仍沿用了原有的瀑布式菜单风格，尚未修改成控制面板，在操作时应稍加留意。

　　(4) 创建刀位数据文件及后处理。

　　单击【完成序列】退出。选择主界面【制造】选项卡，单击【保存 CL 文件】；依次单击【操作】→【OP010】→【文件】，选择"CL 文件"、"MCD 文件"和"交互"，单击【完成】按钮；再单击【保存副本】→【确定】→【完成】→【后置处理列表】。

　　选择"UNCX01.P12"，单击【完成输出】。在工作目录中找到刚才保存的副本(以.ncl 作为后缀名的文件)，用记事本打开刀位数据文件，如图 10-72 所示；用记事本打开 G 代码，如图 10-73 所示。

图 10-72　刀位数据文件(4)

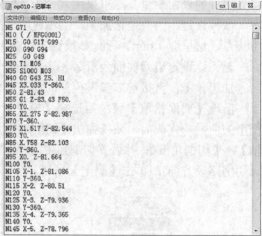

图 10-73　G 代码(4)

(5) 加工仿真。

调用 CL 数据单击【播放路径】按钮,演示刀位轨迹,如图 10-74 所示。单击【材料移除模拟】按钮,弹出 VERICUT 仿真窗口,再单击右下角的播放键观察工件铣削情况,如图 10-75 所示。

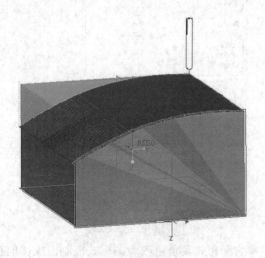

图 10-74　轨迹演示(5)

图 10-75　仿真加工(5)

4. 腔槽铣削

腔槽铣削一般用于加工零件上的凹槽特征。它可以像体积块铣削一样加工腔槽底面,也可以像轮廓铣削一样加工腔槽的壁面。它通常用于体积块粗加工之后的腔槽精加工。

例 10-6　根据图 10-76 所示的零件图,对该零件进行腔槽加工。

操作过程如下:

(1) 制造模型。

首先建立加工文件 10_6.asm。按照图 10-76 所示建立参考模型 10_6.prt,并建立工件。制造模型如图 10-77 所示。

腔槽铣削

图 10-76　零件图(4)　　　　　　图 10-77　制造模型(7)

(2) 操作设置。

分别单击【机床设置】下的【工作中心】按钮和【工艺】下的【操作】按钮，进行以下设置：

机床：3 轴铣床。

工件坐标系：加工零点设置在制造模型上端面的一角。

(3) 加工设置。

本例中不用设置【铣削窗口】及【铣削曲面】，在后期加工序列中可直接选取参考模型的内腔面。

单击选项卡【铣削】下拉选项的【腔槽加工】，弹出如图 10-78 所示的【序列设置】瀑布式菜单，单击【完成】按钮后，各项设置分别如下：

刀具：内腔加工时，刀具半径应小于最小的内圆弧半径。这里采用直径为 12 mm 的端铣刀，其他尺寸采用系统默认值。

参数设定：因为是精加工，主轴速度略高；跨距不大于刀具直径，这里取 5 mm。所有参数设置如图 10-79 所示。

退刀：设定退刀曲面为沿 Z 轴方向的平面，深度为 5。

图 10-78　【序列设置】菜单(2)　　　　　　图 10-79　设定参数

出现【曲面拾取】菜单后，选择【模型】→【完成】。选取腔槽底面和所有壁面(如图 10-80 所示)，单击【确定】→【完成/返回】。

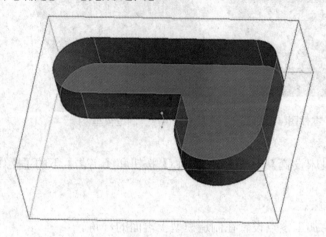

图 10-80　选取加工表面

(4) 加工仿真的操作如下：

在瀑布式菜单【NC 序列】中单击【播放路径】→【屏幕播放】，弹出【播放路径】对话框，单击播放键演示刀位轨迹，如图 10-81 所示。

在菜单【NC 序列】中单击【播放路径】→【NC 检查】，弹出 VERICUT 仿真窗口，单击右下角的播放键观察工件铣削情况，如图 10-82 所示。

检查仿真后，单击【完成序列】退出瀑布式菜单后，仍然可以像前例一样生成刀位数据文件及 G 代码，并可继续调用 CL 数据进行刀位轨迹演示及 VERICUT 材料移除仿真。

图 10-81　轨迹演示(6)

图 10-82　仿真加工(6)

10.3　综合加工实例

零件往往需要经历数个 NC 序列加工才能最终成形。我们必须依据零件的形状特点、加工精度要求来选择最佳的 NC 序列、刀具及切削用量等；选择几个合理的 NC 序列并对其进行相应的设置，可以达到缩短加工时间、降低加工费用的目的。

　　零件加工通常分为两个阶段：粗加工阶段和精加工阶段。粗加工阶段主要任务是尽可能多地快速切削材料，在这个阶段内精度保障不是主要目标。因此，在这个阶段一般可选择尺寸较大刀具，转速设定较慢，保证足够的进给量，节省加工时间。另外，还应注意为下一步精加工留出一定的加工余量。精加工阶段的加工余量非常小，主要任务是满足加工精度的要求。例如，对曲面进行铣削加工时，可先采用体积块铣削进行粗加工，去除大多数材料，节省加工时间；再采用曲面铣削，用球头铣刀进一步精加工，以保证加工精度的要求。

　　例 10-7　根据图 10-83 所示的零件图，要求先对该零件进行体积块铣削粗加工，再进行曲面精加工。

　　分析：体积块和曲面加工前面都已经介绍过。先用体积块去除大块材料，再采用曲面铣削来保证加工精度。在设置参数时特别要注意的一点就是，在进行粗加工时要为精加工留有一定加工余量。

　　操作过程如下：

　　(1) 制造模型。

　　首先建立加工文件 10_7.asm。按照图 10-83 所示建立参考模型 10_7.prt，并创建工件，设置工件上表面离曲面最高点距离为 50 mm。制造模型如图 10-84 所示。

综合加工

图 10-83　零件图(5)　　　　　　　图 10-84　制造模型(8)

　　(2) 制造设置。

　　分别单击【机床设置】下的【工作中心】按钮和【工艺】下的【操作】按钮，进行以下设置：

　　机床：3 轴铣床。

　　工件坐标系：加工零点设置在制造模型上端面的一角。

　　(3) 加工设置。

　　单击【铣削窗口】，点选工件上表面后，勾选退出。

　　注意：此时第三个选项卡应修改为"在窗口围线上"的设置。

　　单击选项卡【铣削】→【粗加工】→【体积块粗加工】，其设置如下：

　　刀具：由于体积块铣削属于粗加工，应尽可能选择大的刀具，以提高加工效率。这里选用 30 mm 的铣削刀具。此时应新添加两种刀具，即体积块使用的铣削刀具和曲面加工使用的球铣削刀具。当定义第 2 把刀具时应点击【新建】图标，以自动生成新名称及新刀具号。曲面加工一般采用球铣刀，而且在允许的情况下刀具直径尽可能大，这样可以得到更好的表面质量。这里采用直径为 30 mm 的球铣刀，尺寸采用系统默认值。添加两把刀具后，选择体积块使用的铣削刀具。

加工参考：选择前面建好的铣削窗口。

参数设定：因为是粗加工，主轴速度略慢；跨距必须小于刀具直径 30 mm，设置其值为 25 mm。设定粗加工参数时，要特别注意为后续精加工留下加工余量，如图 10-85 所示。

间隙：设定退刀曲面为沿 Z 轴方向的平面，深度为 5。

切削进给	100
弧形进给	−
自由进给	−
退刀进给	−
移刀进给量	−
切入进给量	−
公差	0.01
跨距	25
轮廓允许余里	4
粗加工允许余里	4
底部允许余里	4
切割角	0
最大台阶深度	10
扫描类型	类型 3
切割类型	顺铣
粗加工选项	粗加工和轮廓
安全距离	2
主轴速度	600
冷却液选项	关

图 10-85　加工参数(4)

(4) 加工仿真的操作如下：

在退出【体积块粗加工】控制面板之前，点击【播放路径】按钮 ▦，弹出【播放路径】对话框，单击播放键演示刀位轨迹，如图 10-86 所示。

关闭【播放路径】对话框，打开【播放路径】按钮旁的下拉箭头，点击【材料移除模拟】按钮 ▦，弹出 VERICUT 仿真窗口单击右下角的播放键观察工件铣削情况，如图 10-87 所示。

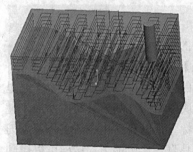

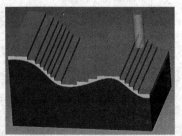

图 10-86　轨迹演示(7)　　　　　　　　　　图 10-87　仿真加工(7)

(5) 曲面铣削序列加工设置(精加工)如下：

退出 VERICUT 仿真窗口，在【体积块粗加工】控制面板上勾选退出。

单击选项卡【铣削】→【曲面铣削】，弹出【序列设置】瀑布式菜单。前面的体积块序列中已经进行过刀具设置，此处刀具默认是非勾选状态。由于【曲面铣削】中需要更换刀具，应将刀具及时勾选上。单击【完成】按钮后，退出【序列设置】选项。各项设置分别如下：

刀具：刀具在前面已设定，选择球铣刀。

参数设定：因为是精加工，主轴速度略高；参数设定注意跨距不能太大，因为精加工要保证一定精度，但跨距过小会延长加工时间。所有参数如图 10-88 所示。

参数名	曲面铣削
切削进给	20
自由进给	−
粗加工步距深度	−
公差	0.01
跨距	0.3
轮廓允许余量	0
检查曲面允许余量	−
刀痕高度	−
切割角	0
扫描类型	类型 3
切割类型	顺铣
铣削选项	直线连接
安全距离	2
主轴速度	1500

图 10-88　加工参数(5)

出现【曲面拾取】菜单后选择【模型】→【完成】，弹出【选取】对话框，点击参考模型的曲面。完成后，系统弹出【切削定义】窗口，依次选择【直线切削】→【相对于 X 轴】→【切削角度】，设置一切削角度为"0"或"90"(角度值需视情况判断，其可改变刀具切削路径方向)，最后单击【确定】按钮。

(6) 曲面铣削加工仿真的操作如下：

在瀑布式菜单【NC 序列】中单击【播放路径】→【屏幕播放】，弹出【播放路径】对话框，单击播放键演示刀位轨迹，如图 10-89 所示。

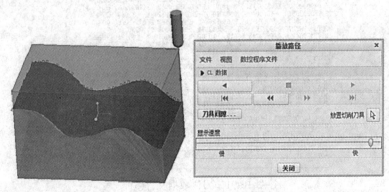

图 10-89　轨迹演示(8)

在瀑布式菜单【NC 序列】中单击【播放路径】→【NC 检查】，弹出 VERICUT 仿真窗口，单击右下角的播放键观察工件铣削情况，如图 10-90 所示。

检查仿真后，单击【完成序列】退出菜单。

图 10-90　仿真加工(8)

我们注意到，当曲面铣削在加工仿真时，原本应被前一个序列去除的材料又出现了。当加工存在多个序列时，就会发生这样的问题。这是因为此时的仿真只是针对单个序列的，所以没有对前一个序列的材料进行切减。对操作 OP010 下的体积块及曲面两个序列合并生成数据文件后，加工仿真将会按序列的次序进行模拟，不会再出现上述现象。

(7) 创建刀位数据文件及后处理。

单击【完成序列】退出菜单后，选择主界面【制造】选项卡，点击【保存 CL 文件】；依次点击【操作】→【OP010】→【文件】，选择"CL 文件"、"MCD 文件"和"交互"，单击【完成】按钮；再单击【保存副本】→【确定】→【完成】→【后置处理列表】。

选择"UNCX01.P12"，单击【完成】输出。在工作目录中找到刚才保存的副本(以.ncl 作为后缀名的文件)，用记事本打开刀位数据文件，如图 10-91 所示；用记事本打开 G 代码，如图 10-92 所示。

图 10-91　刀位数据文件(5)

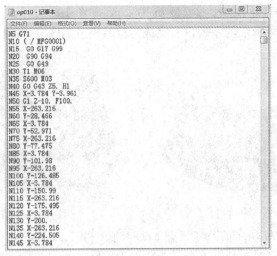

图 10-92　G 代码(5)

(8) 加工仿真。

点击【播放路径】按钮，调用 CL 数据演示刀位轨迹，如图 10-93 所示。点击【材料移除模拟】按钮，弹出 VERICUT 仿真窗口，单击右下角的播放键观察工件分别进行两步序列铣削的情况，如图 10-94 所示。

图 10-93　轨迹演示(9)

图 10-94　仿真加工(9)

习　　题

1. 请根据图 10-95 所示的参考模型 ex10_1.prt 和图 10-96 所示的制造模型创建加工文件 ex10_1.asm，建立表面铣削序列，并完成刀位轨迹及 NC 检测的仿真过程。

图 10-95　参考模型(1)

图 10-96　制造模型(9)

2. 请根据图 10-97 所示的参考模型 ex10_2.prt 和图 10-98 所示的制造模型创建加工文件 ex10_2.asm，建立轮廓铣削序列，并完成刀位轨迹及 NC 检测的仿真过程。

图 10-97　参考模型(2)　　　　　　　　图 10-98　制造模型(10)

3. 请根据图 10-99 所示的参考模型 ex10_3.prt 和图 10-100 所示的制造模型创建加工文件 ex10_3.asm，建立轮廓铣削序列，并完成刀位轨迹及 NC 检测的仿真过程。

提示：建立轮廓铣削序列之后，还应新建一个平面铣削序列才能完全去除材料。

图 10-99　参考模型(3)　　　　　　　　图 10-100　制造模型(11)

4. 请根据图 10-101 所示的参考模型 ex10_4.prt 和图 10-102 所示的制造模型创建加工文件 ex10_4.asm，建立曲面铣削序列，并完成刀位轨迹及 NC 检测的仿真过程。

提示：先建立体积块粗加工，再进行曲面铣削序列，之后还应增加一个轮廓铣削序列。

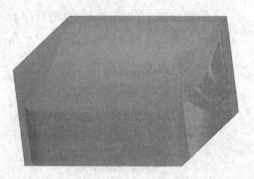

图 10-101　参考模型(4)　　　　　　　　图 10-102　制造模型(12)

5. 请根据图 10-103 所示的参考模型 ex10_5.prt 和图 10-104 所示的制造模型创建加工文件 ex10_5.asm，建立综合加工序列，并完成刀位轨迹及 NC 检测的仿真过程。

提示：先对表面、轮廓、腔槽进行加工。

图 10-103　参考模型(5)　　　　　　图 10-104　制造模型(13)

参 考 文 献

[1]　三维书屋工作室，乔建军，等. Pro/ENGINEER Wildfire5.0 动力学与有限元分析从入门到精通. 北京：机械工业出版社，2010.

[2]　詹友刚. Pro/ENGINEER 野火版 5.0 机械设计教程. 北京：机械工业出版社，2011.

[3]　詹友刚. Creo1.0 高级应用教程. 北京：机械工业出版社，2012.

[4]　蒋晓. Creo 2.0 中文版标准实例教程. 北京：清华大学出版社，2014.

[5]　詹友刚. Creo 3.0 机械设计教程. 北京：机械工业出版社，2014.

[6]　黄晓华. Creo 3.0 机械设计与制造. 北京：电子工业出版社，2016.